DIE ABGOTTSCHLANGE
BOA CONSTRICTOR

Hermann und Erika Stöckl

Schwarz-weiße (anerythristische)
Variante der Langschwanzboa
Boa constrictor longicauda
Foto: H.+E. Stöckl

Inhalt

Bildnachweis:
Titel: Schwarz-weiße (anerythristische) Variante der Langschwanzboa,
Boa constrictor longicauda Foto: H + E Stöckl
Kleines Bild: Rotschwanzboa aus Peru Foto: H + E Stöckl
Seite 1: Crawl-Cay-Boa, Varietät von *Boa c. imperator* Foto: H + E Stöckl

ISBN 978-3-86659-079-3

© 2008 Natur und Tier - Verlag GmbH
An der Kleimannbrücke 39/41
48157 Münster
www.ms-verlag.de

Geschäftsführung: Matthias Schmidt
Lektorat: Kriton Kunz & Heiko Werning
Layout: Barbara Schmücker
Druck: Druckhaus Fromm, Osnabrück

Vorwort

BOA *constrictor* ist ohne Zweifel die populärste Riesenschlange in der Terraristik. Zudem erlebt die Haltung von Exoten zurzeit einen noch nie dagewesenen Aufschwung. Deshalb überrascht es ein wenig, dass in der „Art für Art"- Reihe des Natur und Tier - Verlags bisher noch kein Werk über die Abgottschlangen – so der deutsche Name für diese Tiere – erschienen war. Diese Lücke wird nun geschlossen, sicherlich zur Freude der vielen Bewunderer dieser eleganten und majestätischen Riesenschlange.

Wir kamen im Jahr 1991 erstmals mit diesen faszinierenden Tieren in Berührung, eine Begegnung, die nicht folgenlos geblieben ist. Es war uns vergönnt, eine der weltweit bedeutendsten Sammlungen unverfälschter Wildformen von *Boa constrictor* zusammenzutragen und die Tiere regelmäßig zu vermehren. In diesem Buch wollen wir un-

Systematik, Taxonomie und Verbreitung

DA Systematik und Taxonomie für die Zielgruppe dieses Buches vermutlich nicht im Vordergrund stehen, wollen wir uns hier so kurz wie möglich fassen: Die Gattung *Boa* enthält nur die Art *B. constrictor*, die aber in mehrere Unterarten aufgegliedert ist. Sie gehört zur Unterfami-

lie der Boinae (Boaschlangen). Zusammen mit der Unterfamilie der Pythoninae (Pythonschlangen) wird diese der Familie der Boidae (Riesenschlangen) zugeordnet.

Boa constrictor ist auf dem amerikanischen Kontinent beheimatet. Die Bundesstaaten Sonora und Chihuahua in Mexiko bilden die nördliche Grenze ihres natürlichen Lebensraumes. Von dort erstreckt sich das Verbreitungsgebiet der Abgottschlangen über ganz Mittel- und große Teile Südamerikas bis nach

WUSSTEN SIE SCHON?
In der Zoologie ordnet man Tiere einer Art nach bestimmten Merkmalen Unterarten zu. Zu den wichtigsten Merkmalen bei der Einteilung von *B. constrictor* gehören die Schuppenreihen des Rückens, die Bauchschilde, die Schwanzschilde und die Anzahl der Sattelflecken.

ser Wissen an Sie weitergeben und versuchen, Sie mit unserer Leidenschaft für diese Tiere anzustecken. Sein Schwerpunkt liegt bei Tipps für die Anschaffung, Pflege und Nachzucht von Abgottschlangen, aber auch die Themen Taxonomie, Verbreitung, Krankheiten und Rechtliches im Zusammenhang mit der Haltung von *Boa constrictor* kommen nicht zu kurz.

Es war unser Bemühen, aus jedem Thema die Quintessenz herauszufiltern, also das, was der derzeitige oder künftige Besitzer einer *Boa constrictor* unbedingt wissen sollte.

Wir hoffen, dass es uns gelungen ist, Ihnen, liebe Leserinnen und Leser, trotz des vergleichsweise geringen Umfangs dieses Büchleins einen guten Überblick über die Boas zu verschaffen.

Erika und Hermann Stöckl
www.boa-constrictors.com
Landshut, im Herbst 2008

Argentinien, etwa auf Höhe des 35. Breitengrades.

Doch nicht nur auf dem Festland sind Abgottschlangen zu finden, sondern auch auf einer Reihe von Inseln vor Mexiko, Belize, Honduras, Panama, Nicaragua und Venezuela sowie auf den Kleinen Antillen. In der Gesamtheit ergibt sich für das Ver-

Verbreitung von *Boa constrictor*
Grafik: H + E Stöckl

breitungsgebiet eine Fläche von etwa 16 Mio. km^2.

Es liegt auf der Hand, dass die Abgottschlangen in diesem riesigen Gebiet höchst unterschiedlichen klimatischen, landschaftlichen und ökologischen Bedingungen ausgesetzt sind. Die erforderliche Anpassung an den jeweiligen Lebensraum führte dazu, dass sich Populationen aus den verschiedenen Habitaten in Färbung, Muster, Länge, Anzahl der Schuppen und Körperform ihrer Individuen voneinander unterscheiden.

Bei den Abgottschlangen sind nach dem Washingtoner Artenschutzübereinkommen (CITES) acht Unterarten allgemein anerkannt: *Boa c. constrictor, B. c. imperator, B. c. amarali, B. c. occidentalis, B. c. ortonii, B. c.*

Beschreibung

DA Fotos wesentlich aussagekräftiger sind als Worte, ersparen wir Ihnen und uns seitenlange Beschreibungen der verschiedenen Merkmale der Art bzw. der Unterarten. Wir meinen, eine Aufzählung der wichtigsten Merkmale in Form von Stichpunkten sollte genügen. Nun denn:

- ungiftig
- robuster Körperbau
- Männchen schlanker und kleiner als Weibchen
- Kopf vom Körper abgesetzt, flach
- Schuppen glatt
- Pupillen senkrecht schlitzförmig
- Zähne nach hinten gerichtet, etwa gleich groß
- Wärmesinn (Infrarotrezeptoren)

Bezüglich der immer wieder diskutierten Maximallänge ist zu sagen, dass das seit Jahren in der einschlägigen Literatur auftauchende Gardemaß von 5,5 m auf einer Verwechslung mit einer Anakonda beruht. Hans E. A. Boos, der ehemalige Kurator des Emperor Valley Zoo auf Trinidad und Autor vieler Veröffentlichungen, deckte diesen Irrtum 1992 auf. Er gibt die Maximallänge von *B. constrictor* mit 3,60 m an. Nach unserer Meinung dürfte er da ziemlich richtig liegen.

sabogae, *B. c. orophias* und *B. c. nebulosa*. Zugrunde gelegt wurde dabei das Standardwerk von MCDIARMID et al. (1999). Neben diesen nach CITES anerkannten Unterarten gibt es noch mehrere weitere Formen, deren Status umstritten ist. Die Bekanntesten davon sind *B. c. longicauda*, *B. c. melanogaster* und *B. c. sigma*. Die Meinungsverschiedenheiten, die es in der Systematik immer gegeben hat und weiterhin geben wird, brauchen den Halter und Züchter nicht sonderlich zu interessieren. Wichtig ist, dass die verpaarten Exemplare derselben Form angehören und aus demselben Gebiet stammen. Wie diese Form dann letztlich bezeichnet wird, sollte nicht das Wichtigste im Leben eines Züchters sein.

Rotschwanzboas aus Peru haben in der Regel eine stundenglasförmige Sattelfleckenzeichnung. Die sonst bei *Boa c. constrictor* häufig anzutreffende „Fledermauszeichnung" findet sich bei ihnen eher selten. Die peruanischen *Boa c. constrictor* sind wahrscheinlich die größten Vertreter der Gattung *Boa*. Foto: H + E Stöckl

Unterarten

SEHEN wir uns also nun die einzelnen Unterarten (Subspezies) von *B. constrictor* einmal etwas genauer an. Eine Auflistung der Zahlen von Schuppenreihen, Bauchschilden usw. werden Sie hier vergeblich suchen. Dies würde den Rahmen des Buches sprengen. Wer sich für eine detaillierte Beschreibung (incl. 120 Farbfotos) der Unterarten von *B. constrictor* und ihrer Varietäten in den verschiedenen Habitaten interessiert, dem empfehlen wir unser Buch „Reinrassige *Boa constrictor*" (STÖCKL & STÖCKL 2007).

Boa c. imperator DAUDIN, 1803
Kaiserboa, Imperatorboa
Verbreitungsgebiet: Mexiko, Belize, Guatemala, Honduras, El Salvador, Nicaragua, Costa Rica, Panama, Kolumbien, Venezuela, Ecuador, Peru sowie diverse Inselformen in den Gewässern vor Mexiko, Belize, Honduras, Nicaragua, Panama, Kolumbien und Venezuela.

Durchschnittliche Länge adulter Weibchen: Eine pauschale Aussage ist wegen der großen Variabilität dieser Unterart nicht möglich.

Obwohl das Verbreitungsgebiet von *B. c. constrictor* größer ist, gibt es keine andere Abgottschlange, die eine höhere Variabilität besitzt als *B. c. imperator*. Ein Beispiel: Während Exemplare aus dem Tarahumara-Bergland in Mexiko kaum länger als 1 m werden, gehören die Kaiserboas aus Kolumbien zu den längsten und massigsten Abgottschlangen, die es gibt. Solche Tiere können die dreifache Länge und das zehnfache Gewicht einer Tarahumara-Boa erreichen.

Der Liebhaber heller Schlangen wird im „Imperatorreich" ebenso fündig wie derjenige, dessen beinloses Haustier eine möglichst dunkle Färbung aufweisen soll. Zudem steht eines fest:

Die Abgottschlangen aus Costa Rica gehören sicherlich zu den attraktivsten Vertretern der zentralamerikanischen *Boa c. imperator,* zumindest was die Färbung betrifft.
Foto: H + E Stöckl

Wer eine Riesenschlange halten möchte, kann keine bessere Wahl treffen als eine Kaiserboa. Sie bleiben meist in einer moderaten Größe und sind robuste, in der Regel friedfertige Pfleglinge. Daher wird die Fangemeinde der Imperatorboas stetig größer. Mittlerweile haben sich schon Züchter darauf spezialisiert, möglichst viele verschiedene unverfälschte Wildformen von *Boa c. imperator* zu pflegen und zu vermehren.

Boa c. sabogae (BARBOUR, 1906)
Pearl-Island-Boa, Sabogaboa
Verbreitungsgebiet: Pearl Islands und Taboga-Inselkomplex, Panama
Durchschnittliche Länge adulter Weibchen: ca. 170 cm

Diese Unterart hielt erst 1999 Einzug in die Terraristik, als ein Zoo in Costa Rica die Erlaubnis bekam, auf dem Taboga-Inselkomplex vor der Küste von Panama sechs Exemplare dieser seltenen Tiere zu fangen. Die ersten Jungen kamen im Jahr 2002 im genannten Zoo zur Welt. Damit wurden die Pearl-Island-Boas für die Liebhaber seltener Abgottschlangen verfügbar. Es handelt sich um eine natürliche, überwiegend hypomelanisti-sche (= Mangel des schwarzen Pigmentstoffs Melanin) Form, wenngleich in den Würfen immer wieder einige „normal" gefärbte Boas zu finden sind. *Boa c. sabogae* ist eine sehr robuste Unterart, und die Nachzuchten legen im Gegensatz zu den auf den Inseln gefangenen Exemplaren ein sehr friedliches Temperament an den Tag.

In den USA wurde eine hypomelanistische *B. constrictor* (höchst wahrscheinlich eine Pearl-Island-Boa) mit einer Abgottschlange aus Kolumbien verpaart. Die hypomelanistischen Mischlingsboas und ihre Nachkommen, die aus dieser Verbindung resultierten, werden als sog. Salmon Hypos gehandelt. Wegen der großen Ähnlichkeit dieser Tiere mit *B. c. sabogae* ist Vorsicht geboten, da bereits versucht wurde,

Kopfstudie von *Boa c. sabogae* Foto: H + E Stöckl

die wesentlich preisgünstigeren „Salmon Hypos" als Pearl-Island-Boas zu verkaufen. Wer eine *B. c. sabogae* erwerben möchte, sollte darauf achten (und Beweise verlangen), dass die angebotenen Exemplare Nachkommen der Zootiere aus Costa Rica sind. Nur diese Blutlinie kann für sich in Anspruch nehmen, über jeden Zweifel erhaben zu sein.

Boa c. ortonii COPE, 1878
Ortons Boa
Verbreitungsgebiet: Äußerster Süden der Provinz Tumbes, Peru, bis zu den gebirgigen Regionen von La Libertad. Die östliche Grenze ist Cajamarca.
Durchschnittliche Länge adulter Weibchen: ca. 200 cm (geschätzt)

Um es kurz zu machen: Es sind weltweit keine *Boa c. ortonii* in der Terraristik verfügbar. Ortons Boa ist die am weitesten südwestlich verbreitete Abgottschlange und wird noch in Höhenlagen von über 900 m gefunden. Die Trockenwald-Population von *B. c. ortonii* muss im Winter Temperaturen von etwa 8–17 °C aushalten. Während dieser Periode sind die Tiere inaktiv. Sollten diese Tiere einmal für die Terraristik verfügbar sein, werden sie ihren Pfleger sicherlich vor eine größere Herausforderung stellen als alle anderen Unterarten.

Boa c. longicauda PRICE & RUSSO, 1991
Langschwanzboa, Tumbes-Boa
Verbreitungsgebiet: Provinz Tumbes, Peru
Durchschnittliche Länge adulter Weibchen: ca. 190 cm

Die Erstbeschreibung von *B. c. longicauda* wird allgemein kritisch betrachtet, weil sie anhand importierter Exemplare erfolgte und keine begleitenden Feldstudien im Verbreitungsgebiet durchgeführt wurden. Obwohl also der taxonomische Status umstritten ist, haben wir sie aufgenommen, weil sie zu den begehrtesten Abgottschlangen in der Terraristik gehört. Der Grund hierfür ist ohne Zweifel die außergewöhnliche Kopfzeichnung, die *B. c. longicauda* von (fast) allen anderen Abgottschlangen unterscheidet und sie zu etwas Besonderem macht. Doch nicht nur in Bezug auf die Zeichnung haben manche „Langschwanzboas" einiges für die Freunde des Außergewöhnlichen zu bieten. Eine schwarz-weiße (anerythris-

tische) und eine gelb-schwarze (xanthische) Variante machen diese Tiere auch für die Liebhaber ausgefallener Farbgebungen interessant.

Wenn Sie genau gelesen haben, dann wird Ihnen aufgefallen sein, dass wir im vorangegangenen Absatz das Wort „manche" verwendeten. Das hat seinen Grund. Wer glaubt, alle Tumbes-Boas seien eine Augenweide, der unterliegt einem Irrtum. Der überwiegende Teil dieser Tiere ist völlig unspektakulär und entspricht eher nicht der Vorstellung dessen, was man gerne in seinem Terrarium bewundern möchte. Dass die meisten Boa-Fans das nicht wissen, kommt daher, dass immer nur die außergewöhnlich schönen Exemplare in Büchern und im Internet abgebildet werden. Nur eine Hand voll Züchter weltweit (die meisten davon in den USA) hat es durch jahrelange Selektion geschafft, ausschließlich „besondere" Langschwanzboas nachzuziehen.

Boa c. longicauda gehört immer noch zu den sehr seltenen Unterarten in der Terraristik. In Europa ist sie erst seit Ende der 1990er-Jahre verfügbar.

Boa c. constrictor
LINNAEUS, 1758
Rotschwanzboa
Verbreitungsgebiet: Bolivien, Brasilien, Kolumbien, Ecuador, Französisch-Guayana, Guyana, Peru, Surinam, Trinidad und Tobago, Venezuela
Durchschnittliche Länge adulter Weibchen: ca. 190–220 cm

Die Rotschwanzboa, wie *B. c. constrictor* in der Terraristik aufgrund ihrer meist roten Schwanzfärbung genannt wird, besitzt von allen Unterarten der Abgottschlange das größte Verbreitungsgebiet. Zusammen mit *B. c. occidentalis* ist sie auch der Rekordhalter der Gattung *Boa*, was die Länge betrifft. Dies sollte beim Erwerb eines solchen Tieres berücksichtigt werden.

Je nach Region gibt es auch bei *B. c. constrictor* Unterschiede in Färbung und Zeichnung, jedoch fallen diese bei weitem nicht so deutlich aus wie bei den Kaiser-

Viele Abgottschlangenliebhaber sind der Meinung, dass es sich bei den *Boa c. constrictor* aus der Region Belem/Brasilien um die schönsten Rotschwanzboas handelt. Foto: H + E Stöckl

chen unterbrochen sind. Eines haben jedoch alle Rotschwanzboas gemeinsam: Sie sind nicht so robuste Pfleglinge wie die Kaiserboas, und es sind mehr Wildfänge als Nachzuchten auf dem Markt, da diese Unterart auch in der Zucht ihren Pfleger vor gewisse Herausforderungen stellt.

Boa c. amarali (STULL, 1932)
Amarals Boa, Kurzschwanzboa
Verbreitungsgebiet: südöstliches Bolivien, südliches und südwestliches Brasilien
Durchschnittliche Länge adulter Weibchen: ca. 160–180 cm (Brasilien); 190–220 cm (Bolivien)
Hauptmerkmal dieser Unterart ist der im Vergleich zu allen anderen Subspezies kürzere Schwanz, wie BINDER & LAMP (2007) korrekterweise festgestellt haben. Wer etwas anderes behauptet, ist vermutlich auf Mischlinge zwischen *B. c. constrictor* und *B. c. amarali* hereingefallen, die in den vergangenen Jahren aus den USA nach Deutschland gelangten. Zu diesem Thema kommen wir gleich noch, zuerst wollen wir jedoch die unverfälschten Wildformen von *Boa c. amarali* vorstellen:
In Brasilien lebt *B. c. amarali*

boas. Rotschwanzboas aus Surinam, den Guyanas und Brasilien erfreuen den Betrachter oft durch ihre fledermausförmigen Sattelflecken, während diese bei Exemplaren aus Peru meist sanduhrförmig sind. Bei den Tieren aus Surinam und den Guyanas (dieses Gebiet muss hier als eine Region betrachtet werden!) erstreckt sich die rote Schwanzfärbung über einen größeren Bereich und ist leuchtender als bei *B. c. constrictor* aus Peru und Brasilien, wo die roten Bereiche durch breite, helle Flä-

in den Savannen des Bundesstaats São Paulo und im Pantanal, das südlich der Serra dos Parecis liegt. In Europa wird hauptsächlich diese brasilianische São-Paulo-Variante der Kurzschwanzboa gehalten. In den 1990er-Jahren war Dänemark die „Hauptquelle" für solche Nachzuchten. Es handelte sich dabei um Abkömmlinge von Exemplaren, die Ende der 80er-Jahre ein Professor von der Universität Estadual Paulista in Rio Claro, Brasilien, nach Aarhus mitbrachte, als er an der dortigen Universität einen Lehrauftrag erhielt.

Leider erwiesen sich die Nachkommen dieser Kurzschwanzboas als sehr heikle Pfleglinge, was offenbar an dieser Blutlinie lag. Trotz guter Nachzuchterfolge gibt es aufgrund der hohen Mortalitätsrate heute nicht mehr viele Exemplare aus der „Dänischen Blutlinie".

Die Kurzschwanzboas aus dem Bundesstaat São Paulo sind geografisch von ihren „Unterartgenossen" isoliert und haben eine silber- bis dunkelgraue, manchmal bräunliche Färbung, die sie von den Exemplaren aus dem Pantanal oder Bolivien unterscheidet und einzigartig macht.

Das hat jedoch Züchter in den USA nicht daran gehindert, *B. c. amarali* aus Bolivien und *B. c. constrictor* aus Brasilien mit *B. c. amarali* aus der São-Paulo-Region zu verpaaren, um deren etwas „fade" Färbung aufzupolieren. Das hat so überhand genommen, dass es mittlerweile ein fast aussichtsloses Unterfangen geworden ist, in den USA unverfälschte Wildformen von *B. c. amarali* zu bekommen. Da kann es schon mal passieren, dass in einem Wurf neugeborener „Amaralis" bezüglich der Schwanzlänge von „kurz" über „mittel" bis „lang" alles dabei ist, je nachdem, ob die Gene von *B. c. constrictor* oder die von *B. c.*

Das Tier auf dem Foto ist eine Rarität. Es handelt sich nach unserem Kenntnisstand um die einzige hypomelanistische *Boa c. amarali* in privater Pflege. Ob in der bolivianischen Wildnis solche Exemplare vorkommen, ist uns nicht bekannt. Foto: H + E Stöckl

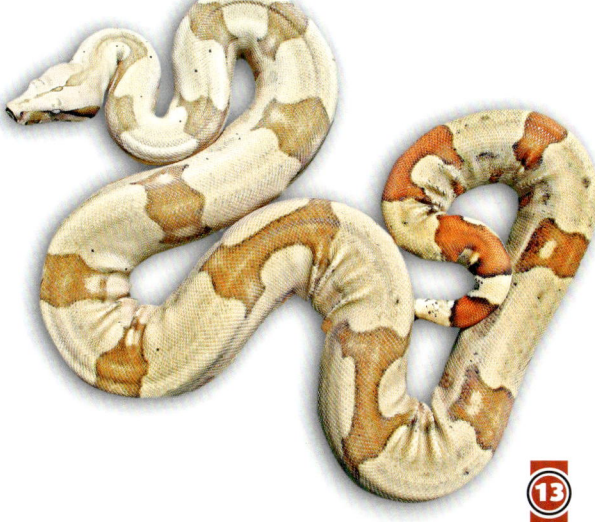

amarali durchschlagen. Zudem spricht die Tatsache, dass in den USA die São-Paulo-Variante als „Bolivian Amaralis" bezeichnet wird, Bände für das Durcheinander, das in dieser Beziehung bei den Züchtern dort herrscht.

Doch zurück zur Beschreibung: Die bolivianischen Kurzschwanzboas werden südöstlich von Santa Cruz bzw. südlich von San José de Chiquitos gefunden. In Bolivien gehen die Verbreitungsgebiete von *B. c. amarali* und *B. c. constrictor* ineinander über. Es ist daher nicht verwunderlich, dass die bolivianischen Kurzschwanzboas eine starke Ähnlichkeit mit *B. c. constrictor* aufweisen. Übergangsformen sind jedoch weniger häufig anzutreffen, als es unter den gegebenen Umständen zu vermuten wäre (Francis C. VASQUEZ, bolivianischer Herpetologe, pers. Mittlg.). Das augenfälligste Unterscheidungsmerkmal zwischen beiden Unterarten ist natürlich die Schwanzlänge.

Mittlerweile hat es in Europa auch schon den ersten Nachzuchterfolg mit der bolivianischen Variante von *B. c. amarali* gegeben. Diese Varietät ist jedoch noch sehr selten und schwer erhältlich.

Boa c. occidentalis PHILIPPI, **1873**
Argentinische Boa, Südboa
Verbreitungsgebiet: Paraguay und Argentinien zwischen den Anden und Parana; südlich bis in die Provinzen San Luis und Mendoza auf ca. 35° südlicher Breite.
Durchschnittliche Länge adulter Weibchen: ca. 190–220 cm

Boa c. occidentalis ist die am weitesten südlich verbreitete Abgottschlange. Sie gehört wegen ihrer Größe und der dunklen, oft sehr kontrastreichen Färbung sicherlich zu den eindrucksvollsten Vertretern ihrer Art. Im Süden ihres Verbreitungsgebietes ist die Argentinische Boa jahreszeitlich bedingt erheblichen Temperaturschwankungen ausgesetzt. Die dunkle Färbung ermöglicht es ihr, mehr Wärme aufzunehmen.

Im Vergleich zu anderen Subspezies ist sie wesentlich aktiver und deshalb besonders interessant für jemanden, der seinem Pflegling gerne zusieht, wenn dieser in Bewegung ist. Aufgrund der höheren Aktivität dieser Tiere und der eindrucksvollen Größe, die adulte Exemplare erreichen können, sollte beim Erwerb einer *B. c. occidentalis* ein geräumiges Terrarium eingeplant werden.

In Argentinien wurden in den vergangenen 90 Jahren knapp 80 % aller natürlichen Wälder abgeholzt. Es ist deshalb nicht verwunderlich, dass die Südboas als unmittelbar vom Aussterben bedroht gelten und als einzige Unterart in den CITES-Anhang I aufgenommen wurden. Das bedeutet, dass sie streng geschützt sind und die Nachzuchten im Handel gekennzeichnet werden müssen. Die Kennzeichnungspflicht, der entweder durch Transponder („Chip") oder durch Fotodokumentation genüge getan werden kann, hat leider vielen Züchtern die Lust an dieser Unterart genommen, weil der Aufwand sehr groß ist. Während vor Inkrafttreten der Kennzeichnungspflicht am 01.01.2001 *B. c. occidentalis* relativ häufig nachgezogen wurde, ist sie heute wieder eine Seltenheit geworden. Somit wurde eigentlich das Gegenteil von dem erreicht, was man wollte, nämlich diese Tiere zu schützen und ihren Bestand zu vergrößern.

Boa c. orophias Linnaeus, 1758
St.-Lucia-Boa
Verbreitungsgebiet: St. Lucia und St. Kitts (Kleine Antillen)

Die St.-Lucia-Boa wird in der Terraristik ebenso selten gehalten wie ihre Schwester von der Antilleninsel Dominica. Zudem ist *Boa c. orophias* in ihrer Heimat nicht wohlgelitten und der Verfolgung ausgesetzt. Foto: V. Kratzke

Durchschnittliche Länge adulter Weibchen: ca. 180 cm

Boa c. orophias ist eine der beiden Inselformen der Abgottschlange von den Kleinen Antillen.

In ihrem Verbreitungsgebiet auf St. Lucia blüht der Tourismus. Leider geht damit die Zerstörung des Habitats dieser Tiere einher. Da zudem die Einheimischen der Meinung sind, Schlangen schadeten dem Fremdenverkehr, werden diese Boas in der Regel beim Antreffen getötet. Man muss daher davon ausgehen, dass die Population der St.-Lucia-Boa gefährdet ist (Kratze, pers. Mittlg.).

Boa c. orophias ist eine schlanke, aber sehr kräftige Abgottschlange. Ihre Blüte in der deutschen Terraristik erlebten diese Tiere Mitte bis Ende der 1990er-Jahre. Zwei Züchter aus Bayern konnten mehrere Jahre hintereinander gute Zuchtergebnisse mit ihren Exemplaren erzielen, was zu einem momentanen Überangebot an Nachzuchten führte. Da *B. c. orophias* allgemein als nicht überaus attraktiv gilt, erlahmte das Interesse an diesen Tieren relativ schnell. Auch das für Abgottschlangen hohe Aggressivitätspotenzial der St.-Lucia-Boa trug seinen Teil dazu bei. Es ist eine Ironie des Schicksals, dass heute, zehn Jahre später, diese Unterart

wieder äußerst selten geworden und kaum erhältlich ist.

Boa c. nebulosa (LAZELL, 1964)
Dominica-Boa, Clouded Boa
Verbreitungsgebiet: Dominica (Kleine Antillen)
Durchschnittliche Länge geschlechtsreifer Weibchen: ca. 200 cm

Boa c. nebulosa ist die zweite Inselform von den Kleinen Antillen. Ihren englischen Namen „Clouded Boa" verdankt sie ihrer undeutlichen, verwaschenen Zeichnung. Im Gegensatz zur St.-Lucia-Boa ist das Habitat von *B. c. nebulosa* weitgehend unberührt,

Mischlingsboas

IN den 60er- und 70er-Jahren erlebte die Terraristik in Deutschland ihren ersten Boom. Zu dieser Zeit wurden hauptsächlich Abgottschlangen aus Kolumbien eingeführt. 1971 fanden insgesamt 27.727 Exemplare einen neuen Platz in einem Terrarium in Europa oder den USA. Als Ende der 70er-Jahre die kolumbianische Regierung als eines der ersten Länder Mittel- und Südamerikas Maßnahmen zum Schutz der bedrohten

heimischen Arten traf und den Export stoppte, sprangen Länder wie Honduras, Nicaragua, Costa Rica und Guyana in die Bresche. So gelangten andere Unterarten bzw. Varietäten der Abgottschlange nach Deutschland. Zu dieser Zeit war die Information, dass es bei *B. constrictor* verschiedene Subspezies und Varietäten gibt, meist nur in Fachkreisen bekannt.

Da also die Züchter früher weder von Unterarten noch von Va-

weil der Fremdenverkehr auf Dominica (nicht zu verwechseln mit der Dominikanischen Republik!) kaum eine Rolle spielt.

Auch diese Unterart erlebte ihre Blüte in der deutschen Terraristik Mitte bis Ende der 1990er-Jahre. Und auch bei der Dominica-Boa führten gute Zuchterfolge zu einem raschen Überangebot und nachlassendem Interesse an diesen Tieren. Ebenso wie die St.-Lucia-Boa ist *B. c. nebulosa* derzeit kaum mehr verfügbar. Da beide Unterarten als nicht sonderlich attraktiv gelten, hält sich jedoch auch das Interesse an diesen Tieren in Grenzen.

Abgottschlangen von der Antilleninsel Dominica sind in der Terraristik nur selten anzutreffen. Glücklicherweise kommen sie in ihrem natürlichen Habitat noch häufig vor.
Foto: B. Goerg

rietäten etwas wussten, ist es nicht verwunderlich, dass nach dem Motto „Boa ist Boa" alles verpaart wurde, was untereinander fortpflanzungswillig war. So wurde schon in den 60er-Jahren der Grundstein für das Heer der Mischlingsboas gelegt, das heute die Terrarien hierzulande, aber auch anderswo bevölkert. Wir schätzen, dass etwa 95–98 % der in Deutschland gehaltenen Abgottschlangen Mischlinge aus verschiedenen Unterarten bzw. Varietäten sind. Dank dem Internet und der zahlreichen Literatur, die es mittlerweile über *B. constrictor* gibt, wissen heute jene, die sich für diese Tiere interessieren, bezüglich der

WUSSTEN SIE SCHON?
Das Verbreitungsgebiet insbesondere von *B. c. constrictor* und *B. c. imperator* ist immens groß. In Anpassung an das jeweilige Habitat haben sich Abgottschlangen, obwohl sie derselben Unterart angehören, in den verschiedenen Regionen so unterschiedlich entwickelt, dass sie in Größe, Körperform, Färbung und Zeichnung stark voneinander abweichen. Der unbedarfte Betrachter würde sie als völlig verschiedene Schlangenarten einstufen. Für diese unterschiedlichen Formen einer Subspezies wurde der Begriff „Varietät" geprägt.

Boa c. occidentalis ist vom Aussterben bedroht. Das hindert jedoch manche Züchter nicht daran, ein solches Tier mit einer *Boa c. imperator* zu verpaaren. Das Resultat sehen Sie auf dem Foto. Dass ein Laie diese Bastardboa nicht von einer reinrassigen *Boa c. occidentalis* unterscheiden kann und sie dann womöglich gutgläubig als Südboa erwirbt, macht die Sache noch schlimmer.
Foto: S. Neumeyer

Subspezies und Varietäten Bescheid. Die meisten möchten, wenn sie eine Abgottschlange kaufen, keine Mischlinge, sondern eine unverfälschte Wildform. Da diese aber nur geschätzte 2–5 % der hierzulande erhältlichen Abgottschlangen ausmachen und zudem die Mischlingsboazüchter ihre Tiere an den Mann/die Frau bringen wollen, hat die Trickserei in großem Maßstab Einzug in den Handel mit Abgottschlangen gehalten.

Mittlerweile handelt es sich bei der überwiegenden Zahl der als „100 % reinrassigen *Boa*

Farbzuchten

MIT dem Auftauchen der ersten „Albinoboas" (korrekt wäre: amelanistische Boas) in den 80er-Jahren begann eine neue Strömung in der Haltung und Zucht von Abgottschlangen. *Boa constrictor*, die aufgrund genetischer Defekte Abweichungen in Färbung und Zeichnung aufwiesen, wurden gezielt miteinander verpaart, um immer neue, noch absonderlicher aussehende Varianten zu kreieren. Primäre Motivation für dieses Tun war das Streben nach Reichtum, denn insbesondere in den USA zahlten und zahlen Enthusiasten viel Geld für die neuesten „Modelle".

Die letzten beiden Worte des vorstehenden Satzes sollte derjenige genau beachten, der die Absicht hat, ein Pärchen teurer „Designerboas" zu erwerben, um damit in einigen Jahren durch die Zucht selber den Reibach zu machen. Wie falsch er damit liegt, zeigt folgende nette Geschichte, die zwar auf den ersten Blick etwas haarsträubend

constrictor" verkauften Tiere in Wirklichkeit um Bastarde. Es werden sogar Herkunftspapiere gefälscht und Lügengeschichten über Schmuggelei aufgetischt, um das Tier dem gutgläubigen Kunden als unverfälschte Wildform aus diesem oder jenem Land schmackhaft zu machen. An dieser Stelle sei aus gegebenem Anlass darauf hingewiesen, dass reinrassige Abgottschlangen nur ganz selten in einer Zoohandlung landen, es sei denn, es sind Wildfänge. Es ist also beim Erwerb einer unverfälschten Wildform von *B. constrictor* eine gehörige Portion Misstrauen angebracht. Verfahren Sie beim Erwerb einer reinrassigen Abgottschlange immer nach dem Grundsatz: Die Ahnentafel des Tieres muss sich bis ins Verbreitungsgebiet zurückverfolgen lassen. Zudem: Das Aussehen einer *B. constrictor* ist kein Beweis für deren Reinrassigkeit, da es auch Mischlingsboas gibt, die sich optisch für den Laien (und manchmal auch für den Experten) von unverfälschten Wildformen nicht unterscheiden lassen.

klingt, aber wie kein anderer Vergleich punktgenau ins Schwarze trifft. Also: Nehmen wir einmal an, Computer könnten Junge bekommen. Ein aufstrebender Jungunternehmer kauft sich also das neueste und teuerste Modell mit dem schnellsten Prozessor, der absolut besten Grafikkarte, einer schnellen und großen Festplatte und RAM-Speicher ohne Ende. Er legt dafür 4.000 € hin. In etwa vier Jahren kommen dann, sagen wir mal, 15 Nachzucht-Computer zur Welt, die allesamt

Die Steigerung von Pastell lautet Hyperpastell. Es gibt nur ganz wenige Abgottschlangen, bei denen die Pastellfärbung so ausgeprägt ist wie bei dieser Farmnachzucht aus Kolumbien.
Foto: H + E Stöckl

die Leistungsmerkmale des damals gekauften PCs haben – und die Investition hat sich gelohnt, oder etwa nicht? Leider nein. Vier Jahre nach dem Erwerb sind

Computer mit den Leistungsmerkmalen von damals ein alter Hut. Kein Mensch will noch so einen haben.

Und genau so ist es auch mit den Farbzuchten. Bis die Tiere, die der gutgläubige Farbzüchter in spe für teures Geld erworben hat, geschlechtsreif sind und Junge bekommen, haben die Jungs in den USA schon wieder zehn neue „Modelle" auf den Markt geworfen, und der Preis für die einst so teure Farbboa ist runtergerasselt wie weiland die Aktien am Neuen Markt. Zudem gibt es keine Abgottschlangen, bei denen die

Erwerb

ABGOTT

schlangen können 20 Jahre oder älter werden. Mit dem Erwerb eines solchen Tieres treffen Sie also eine Entscheidung, die von einiger Tragweite ist und lange Bestand haben sollte. Deshalb ist es wichtig, hier keine Fehler zu machen.

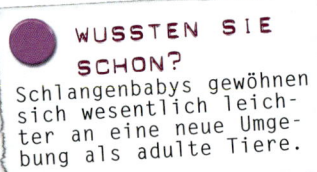

WUSSTEN SIE SCHON?
Schlangenbabys gewöhnen sich wesentlich leichter an eine neue Umgebung als adulte Tiere.

Auswahl des Tieres

a) Schlangenbaby oder adultes Exemplar?

Man kann Interessenten für den Kauf einer Riesenschlange, was diese Frage betrifft, in zwei Kategorien unterteilen. Die einen möchten gerne ein Schlangenbaby, weil es ihnen Freude bereitet, das Tier aufzuziehen und heranwachsen zu sehen. Die anderen wollen gleich „eine Große", denn auf dem Wunschzettel steht ja „Riesenschlange" und nicht „Regenwurm". Zudem spielt der Wunsch, so schnell wie möglich zu züchten, oft eine Rolle.

Doch beim Erwerb einer adulten *B. constrictor* ist es wie mit dem Kauf eines Gebrauchtwagens: Mängel werden häufig verschwiegen. Zudem sind viele der zum Verkauf angebotenen mehrjährigen Riesenschlangen „Nomaden". Das heißt, sie haben schon mehrmals den Besitzer gewechselt, was dem Käufer in der Regel nicht auf die Nase gebunden wird. Jeder Standortwechsel aber bedeutet besonders für adulte Tiere Stress, der nicht selten zum Ausbruch einer Krankheit führt.

Inzucht so übertrieben wurde und wird, wie bei den Farbzuchten. Dass sich das nicht positiv auswirken kann, zeigen das vermehrte Auftreten einäugig geborener „Albinoboas" in den entsprechenden Würfen und die grottenschlechte Fortpflanzungsrate der amelanistischen Abgottschlangen.

Auch bei den Farbboas gilt unseres Erachtens, dass sich der ernsthafte Terrarianer dem Ziel verschreiben sollte, den Bestand unverfälschter Wildformen zu sichern und nicht die Haltung und Zucht von genetischen Krüppeln zu fördern.

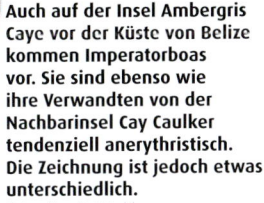

Wenn Sie zudem das Pech haben, an einen „Nomaden" zu geraten, dann haben Sie mit der Boa gleich auch noch extrem schlechte Karten erworben.

Bei einem Boa-Baby vom Züchter (!) – mehr dazu später – brauchen Sie so etwas nicht zu befürchten, denn da sind Sie in der Regel „Erstkäufer" und bekommen sozusagen ein unbeschriebenes Blatt.

b) Reinrassige *B. constrictor* oder Mischlingsboa?

Uns wird immer wieder nachgesagt, dass wir Mischlingsboas verteufeln und am liebsten alle einschläfern lassen würden. Dem ist jedoch nicht so. Die *B.-constrictor*-Mischlinge existieren, es sind liebenswerte Geschöpfe, und sie verdienen es auch zu leben. Mischlingsboas erweisen

Auch auf der Insel Ambergris Caye vor der Küste von Belize kommen Imperatorboas vor. Sie sind ebenso wie ihre Verwandten von der Nachbarinsel Cay Caulker tendenziell anerythristisch. Die Zeichnung ist jedoch etwas unterschiedlich.
Foto: H + E Stöckl

sich oft als robuste Pfleglinge und können jemandem, der einfach nur „eine Boa" möchte, viel Freude bereiten. Was spricht also gegen eine Mischlingsboa?

Die meisten dieser Tiere werden sehr groß, denn in der Regel finden sich in der Ahnengalerie Vorfahren aus Kolumbien, wie Sie dem Kapitel über Mischlingsboas entnehmen konnten. Kolumbianische Abgottschlangen aber stehen nicht im Verdacht, zu den kleinen „Sorten" zu gehören. Die größte in Deutschland gehaltene *B. constrictor* ist eine Mischlingsboa! Sie wiegt über 30 kg und ist etwas mehr als 3 m lang.

Während die Pflege eines Einzeltieres oder gleichgeschlechtlicher Exemplare von Mischlingsboas noch befürwortet werden kann, ist von der Haltung eines Pärchens solcher Tiere nach unserer Meinung dringend abzuraten. Im Falle einer Nachzucht ist es heutzutage sehr schwer, die Jungen an den Mann (oder die Frau) zu bringen, es sei denn, Sie wollen zum Betrüger werden. Noch viel schwerer ist es, für sie auch noch einen guten Platz zu finden. Die Nachfrage nach Mischlingsboas ist sehr gering, allenfalls findet man noch Abnehmer, die aufgrund des niedrigen Preises so ein Tier kaufen. Nicht selten werden diese Boas dann nicht artgerecht gehalten, weil das Geld für ein gutes Terrarium fehlt. Wir konnten in unserer Eigenschaft als Sachverständige für die Behörden die Erfahrung machen, dass es fast ausschließlich Mischlingsboas, Königs- und Tigerpythons (also Schlangen des unteren Preissegmentes) waren,

die aufgrund fürchterlicher Zustände dem Halter weggenommen werden mussten.

Wen das alles nicht interessiert, sollte sich von dem Argument überzeugen lassen, dass reinrassige *B. constrictor* fast immer schöner aussehen als Mischlinge. Warum ist das so? Ganz einfach: Die unverfälschten Wildformen haben typische Merkmale in Zeichnung und Färbung, die eine Anpassung an ihren Lebensraum darstellen. Diese ganz spezielle Optik, die selbst bei Tieren derselben Unterart stark differieren kann, führt dazu, dass reinrassige Abgottschlangen als besonders attraktiv empfunden werden. Bei den Mischlingsboas dagegen entsteht ein färbungs- und zeichnungstechnischer „Einheitsbrei", häufig mit der Folge, dass die Tiere mit zunehmendem Alter immer weniger schön aussehen.

Und last but not least sollte sich der ernsthafte Terrarianer dem Ziel verschreiben, den Bestand unverfälschter Wildformen zu sichern und nicht die Haltung und Zucht von Abgottschlangen fördern, wie sie in der Natur gar nicht existieren. Und damit sind wir schon beim nächsten Punkt:

c) Wildfänge/Farmnachzuchten oder einheimische Nachzuchten?

Man muss wissen, dass sich in einer Abgottschlange wie auch in praktisch jedem anderen lebenden Tier immer krankheitserregende Bakterien und häufig auch Parasiten finden. Ein gut funktionierendes Immunsystem sorgt dafür, dass die Anzahl der Mikroorganismen auf einem Level gehalten wird, der das Tier in seiner Gesundheit nicht beeinträchtigt. Durch den Fang und Transport der Abgottschlangen und den damit verbundenen mehrmaligen Ortswechsel (inklusive schlechter Haltungsbedingungen) geraten die Tiere jedoch unter Stress. Die Folge ist, dass das Immunsystem schwächelt und sich die Bakterien und Parasiten plötzlich ungehemmt vermehren können. Zudem werden die Boas mit „Terrarienbakterien" konfrontiert, die ihr Immunsystem nicht kennt und auf die es deshalb auch nicht sogleich die passende Antwort findet. Das ist ungefähr so, wie wenn Sie bei einer Afrika- oder Südamerikareise einheimische Kost zu sich nehmen. Während die Menschen, die dort leben, alles gut vertragen, wird Sie Montezumas Rache ereilen, weil Ihr Immunsystem die „ortsansässigen Bakterien" nicht kennt. Und genauso geht es den Abgottschlangen, die aus ihrem Verbreitungsgebiet in unsere Terrarien kommen.

Die Folge der „fremden Erreger" ist, dass die Tiere oftmals sterbenskrank werden, obwohl der neue Besitzer alles tut, um seinem Neuerwerb die optimalen Bedingungen zu bieten. Das Teuflische daran ist, dass die Erkrankung meist erst nach mehrmonatiger Verzögerung so richtig zum Ausbruch kommt bzw. erkannt wird, also zu einer Zeit, zu der sich der Käufer mit seinem Wildfang (oder der Farmnachzucht) schon auf der sicheren Seite wähnt.

Diese *Boa c. constrictor* stammt aus Surinam. Sie wurde in der Nähe des Dörfchens Pokigron, südlich des Brokopondo-Staudammes, der Natur entnommen. Man kann der Behauptung des Schlangenfängers, dass in dieser Gegend die farblich schönsten Exemplare gefunden werden, nur zustimmen. Für Anfänger eignen sich Rotschwanzboas jedoch nur bedingt.
Foto: H + E Stöckl

Ohne Zweifel ist insbesondere bei Einsteigern in die Abgottschlangenhaltung dringend vom Erwerb von Wildfängen und mit einigen Abstrichen auch vom Erwerb von Farmnachzuchten abzuraten. Der einzige Vorteil dieser Tiere besteht darin, dass man fast immer die Gewähr hat, reinrassige Exemplare zu erwerben, was bei den heimischen Nachzuchten oftmals zweifelhaft ist.

Handelt es sich jedoch bei der deutschen oder europäischen Nachzucht um eine nachgewiesen reinrassige *B. constrictor*, so ist diese aufgrund der Gesundheitsproblematik in jedem Fall einem Wildfang oder einer Farmnachzucht vorzuziehen.

d) *Boa c. imperator* oder *Boa c. constrictor*?

Seit jeher stehen die Rotschwanzboas (*Boa c. constrictor*) in der Beliebtheitsskala der Abgottschlangenhalter ganz oben. Der kirschrote Schwanz, die fledermausförmigen Sattelflecken und die im Vergleich zu den Kaiserboas ansehnliche Größe machen diese Tiere zum Objekt der Begierde für jeden, der sich für Abgottschlangen interessiert.

Leider jedoch sind Rotschwanzboas nur für den fortgeschrittenen Halter zu empfehlen. Aus langjähriger Erfahrung können wir sagen, dass sie unterm Strich krankheitsanfälliger sind als Imperatorboas, und dass ihre Babys wesentlich eher dazu neigen, ein Futtertier wieder auszuwürgen, als Kaiserboas gleichen Alters, obwohl diese kleiner sind.

Man sollte also schon ein paar Jahre Imperatoren gehalten haben, bevor man sich an Rotschwanzboas wagt. Bei einem Schlangenhalter mit Erfahrung und Sachverstand gedeihen diese dann genauso gut wie Kaiserboas.

e) Andere Unterarten

Die Subspezies von *B. constrictor* kann man in drei Kategorien unterteilen:

- Die *imperator*-Gruppe (*B. c. imperator*, *B. c. sabogae*, *B. c. ortonii*, *B. c. longicauda*)
- Die *constrictor*-Gruppe (*B. c. constrictor*, *B. c. amarali*, *B. c. occidentalis*)
- Die Antillen-Gruppe (*B. c. nebulosa*, *B. c. orophias*)

Grundsätzlich ist zu sagen, dass

die jeweiligen Mitglieder dieser drei Gruppen auch dieselben „gesundheitlichen" Eigenschaften aufweisen. Das heißt also, dass eine *B. c. sabogae* (Pearl-Island-Boa) genauso robust und unproblematisch ist wie eine *B. c. imperator*, und dass eine *B. c. occidentalis* ebenfalls als Jungtier dazu neigt, die Nahrung wieder auszuwürgen, wie das bei *B. c. constrictor* der Fall ist.

Wir verzichten darauf, auf die Antillen-Gruppe einzugehen, da diese Tiere kaum verfügbar sind.

Während die Ecuador-Variante von *Boa c. imperator* in Deutschland relativ häufig nachgezogen wird, ist sie im Ausland eher selten in der Terraristik anzutreffen. Diese Tiere haben ein friedliches Wesen, bleiben in der Regel unter 2 m Länge und eignen sich gut für Anfänger.
Foto: H + E Stöckl

Auswahl der richtigen Bezugsquelle

a) Reptilienbörsen

Vor 15 Jahren waren Reptilienmessen noch dünn gesät. Meist wurden sie in Großstädten abgehalten und zu einer Jahreszeit, in der eine für Reptilien zuträgliche Außentemperatur herrschte. Die hauptsächlich von Züchtern feilgebotenen Tiere mussten im Regelfall ein- bis zweimal im Jahr eine solche Veranstaltung mitmachen. Lang, lang ist's her ...

Mittlerweile findet jedes Wochenende in irgendeinem Kaff eine solche Messe statt. Manche Züchter und ein guter Teil der professionellen Händler ziehen wie Wanderheuschrecken von Reptilienbörse zu Reptilienbörse. Damit man das Weihnachtsgeschäft nicht verpasst, wird die „Ware" sogar im Dezember in die schlecht beheizten Hallen gekarrt. Zu dem Stress des Transports und der suboptimalen Temperatur und Luftfeuchtigkeit kommt für die Tiere auch noch das ständige Angestarrtwerden, dem sie während der Ausstellung stundenlang ausgesetzt sind und das ihrem Immunsystem den Rest gibt.

Es ist daher nicht verwunderlich, dass ein bedeutender Teil der auf Reptilienbörsen erwor-

Cay-Caulker-Boas werden als tendenziell anerythristisch bezeichnet, da sie so gut wie keinen Rotanteil in der Färbung aufweisen. Die erste europäische Nachzucht dieser Tiere erfolgte 2008. Foto: H + E Stöckl

Ahnung von den Bedürfnissen einer Abgottschlange hat. Dennoch blüht durch die „Mitleidskäufe" der Umsatz.

Jeder, der eine heruntergekommene Abgottschlange aus einer solchen Zoohandlung erwirbt, sollte sich im Klaren darüber sein, dass er damit die Maschinerie am Laufen hält und den Weg für das Elend der nächsten Boa bereitet. Nur wenn dem Geschäftsinhaber mehrere Tiere eingegangen sind, weil keiner die jämmerlichen Kreaturen kaufen wollte, wird er sie künftig aus dem Sortiment nehmen.

benen Tiere schon nach kurzer Zeit erkrankt oder sogar eingeht. Deshalb sind solche Veranstaltungen nach unserer Meinung der schlechteste Ort, eine *B. constrictor* zu erwerben.

b) Zoohandlungen

Es gibt Zoofachmärkte mit geschultem Personal, wo Abgottschlangen artgerecht untergebracht sind, gut gepflegt werden und man beim Erwerb eines solchen Tieres auch eine gute Beratung erhält. Nicht selten gibt es aber auch Zoogeschäfte, in denen die Tiere in einem grottenschlechten Zustand sind, weil das Personal keine

c) Züchter

Bei den Züchtern ist es wie mit den Zoohandlungen: Es gibt solche und solche. Wir sind jedoch der Meinung, dass bei den Züchtern wesentlich weniger schwarze Schafe zu finden sind, weil hier meist das Interesse und die Liebe zu den Tieren im Vordergrund stehen und nicht der Kommerz. Deshalb sollte man sich beim Erwerb einer *Boa constrictor* immer an einen kompetenten Züchter wenden. Auch hier ist es natürlich von Vorteil, wenn je-

> ● **DER PRAXISTIPP**
> Sollte es sich um Ihre erste Riesenschlange handeln, dann nehmen Sie zum Kauf jemanden mit, der halbwegs Ahnung hat. Ein Laie ist meist nicht in der Lage, den Gesundheitszustand eines solchen Tieres zu erkennen, geschweige denn die Haltungsbedingungen zu beurteilen. Wenn die Abgottschlange in einem schlechten Zustand ist, lassen Sie sie dort und informieren Sie stattdessen das Veterinäramt.

mand, der Erfahrung hat, dabei ist, falls man diese selbst nicht besitzt. An Ort und Stelle kann man die Haltungsbedingungen besichtigen, die Elterntiere in Augenschein nehmen (was in den Zoohandlungen und auf Börsen nicht möglich ist) und dem Züchter ein wenig auf den Zahn fühlen, ob er auch nach dem Kauf noch willig ist, dem Käufer beratend zur Seite zu stehen.

Der wohl größte Vorteil des Erwerbs beim Züchter ist jedoch, dass die Tiere nicht schon ein halbes Dutzend Mal umgesetzt wurden und deshalb genügend „Stressreserven" haben, um den Transport und die Eingewöhnung in eine neue Umgebung problemlos zu überstehen.

d) Hier noch eine „Checkliste" für eine grobe Beurteilung des Gesundheitszustandes einer Abgottschlange:

- Es dürfen sich keine Häutungsreste an der Boa finden.
- Das Tier muss gut genährt und frei von Verletzungen sein.
- Die Nasenlöcher müssen trocken und frei von Verkrustungen sein.
- Das Zahnfleisch muss rosa gefärbt sein.
- Das Maul muss frei von Schleim sein.

- An der Kloake des Tieres dürfen sich keinerlei Spuren von Ausscheidungen finden.
- Die Kloake muss geschlossen und völlig unauffällig sein.
- Es dürfen keinerlei Atemgeräusche zu hören sein.
- Das Tier muss bei der Handhabung züngeln und in der Lage sein, sich gut festzuhalten.
- Die Ränder der Augen dürfen nicht abstehen (falls doch, deutet das auf einen Milbenbefall hin).
- Es sollten keinerlei Geräusche im Bereich des Magens oder Darmes zu hören sein, wenn sich das Tier über die Hand bewegt.

Die eher dunkel gefärbten Imperatorboas aus El Salvador werden nicht allzu groß und machen das, was ihnen an Farbenpracht fehlt, durch ihre hübsche Zeichnung und ihre Robustheit wieder wett. Foto: H + E Stöckl

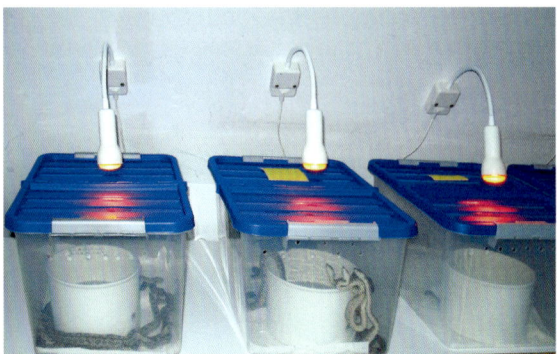

Boababys sollten noch nicht in ein „normales" Terrarium entlassen werden, da die Verletzungsgefahr dort zu groß ist. Als Aufzuchtbehälter eignen sich Plastikboxen aus dem Baumarkt bestens. Zur Beheizung werden die Behälter entweder ins Terrarium gestellt oder von oben bestrahlt, sodass ein Treibhauseffekt entsteht. Ein hohes Wasserbecken im Behälter dient als Klettermöglichkeit und zur Wärmeregulierung für die Schlange.
Foto: H + E Stöckl

- Die Boa muss über einen kräftigen Muskeltonus verfügen.
- Die Bewegungen des Tieres müssen koordiniert sein.
- Legen Sie die Boa auf den Rücken. Sie muss sich augenblicklich wieder aufrichten.
- Lassen Sie das Tier durch ein frisches Papiertaschentuch kriechen und kontrollieren Sie das Tüchlein anschließend auf Milben (diese sind meist als kleine schwarze Punkte sichtbar).

Natürlich kann nur eine eingehende Untersuchung durch einen qualifizierten Tierarzt wirklich Aufschluss darüber geben, ob die Abgottschlange hundertprozentig fit ist. Aber wenn die Neuanschaffung der vorgenannten Checkliste standhält, sollten Sie im Großen und Ganzen vor bösen Überraschungen sicher sein.

Unterbringung

Schlangenbabys darf man nicht gleich in ein großes Terrarium setzen, da dort die Verletzungsgefahr für die kleinen Geschöpfe viel zu groß ist. In so einem Terrarium gibt es Gefahrenquellen für Boababys und Schwachpunkte, die wir mit unserem menschlichen Verstand erst erkennen, wenn es zu spät ist. Meist ist dann die kleine Kreatur schwer verletzt oder tot!

Daher sollte man für die Aufzucht von Boababys einen Plastikbehälter aus dem Baumarkt verwenden. Darin können sie bis zu einem Gewicht von 400–500 g verbleiben. Der Plastikbehälter wird mit einem Unterschlupf und einem Wasserbehälter ausgestattet und mit Zeitungs- oder Küchenpapier ausgelegt. Auch ein Thermo-/Hygrometer muss hinein (am besten auf den Boden zur Schlange legen). Zusätzlich

DER PRAXISTIPP

Vorsicht: Manche der Baumarkt-Behälter schließen nicht hundertprozentig! Dann besteht die Gefahr, dass die Jungschlange durch den schmalen Spalt zwischen Behälter und Deckel entweicht. Beim Kauf der Plastikbox diesen Faktor gut prüfen!

kann man auch noch ein paar Kletteräste hinzufügen. Durch Verkanten der Äste an den Seiten des Behälters kann die Schlange klettern, und die Äste lassen sich trotzdem beim Reinigen schnell herausnehmen.

An den kurzen Seiten ganz oben links und rechts werden mehrere Luftlöcher (jeweils ca. 8–10) gebohrt. Vorsicht beim Bohren, damit das Plastik nicht springt! Hier ist zu beachten, dass kaltes Plastik leichter springt als warmes. Am besten mit einem kleinen Bohrer vorbohren. Das Bohrloch darf nicht zu groß sein, damit das Schlangenbaby nicht den Kopf durchstecken kann!

Der so in ein Miniterrarium umfunktionierte Behälter wird dann in das „richtige Terrarium" gestellt. Auf diese Weise wird der Behälter geheizt. Diese Plastikboxen gibt es in verschiedenen Größen, z. B. 60 x 40 x 35 cm (Länge x Breite x Höhe). Je größer, desto besser, denn dann kann die Schlange lange darin gehalten werden. Allerdings muss der Behälter noch ins Terrarium passen! Der Deckel kann undurchsichtig oder transparent sein, der Behälter selbst muss transparent sein. Ein großer Vorteil ist auch, dass in der Kiste aufgrund ihrer Beschaffenheit eine wesentlich höhere Luftfeuchtigkeit herrscht. Dies ist neben der Tatsache, dass in solchen Behältern Verletzungen praktisch ausgeschlossen sind, der zweite große Vorteil für Boababys. Achtung: Sogenannte Faunaboxen aus der Zoohandlung eignen sich nicht, da durch die geriffelten Deckel der Luftaustausch zu groß ist, um eine für Boababys ideale Luftfeuchtigkeit zu gewährleisten.

Einige Regeln

- Das Boababy in den ersten zehn Tagen in seiner neuen Umgebung nicht füttern und vollkommen in Ruhe lassen (abgesehen von Reinigungsarbeiten).

Diese Firebelly-Boa stammt aus dem ersten Wurf, der außerhalb der USA zur Welt kam. Der Stammbaum dieser Tiere muss sich zu dem US-Züchter Dennis Sargent zurückverfolgen lassen, sonst sind es keine echten Firebellys. Foto: H + E Stöckl

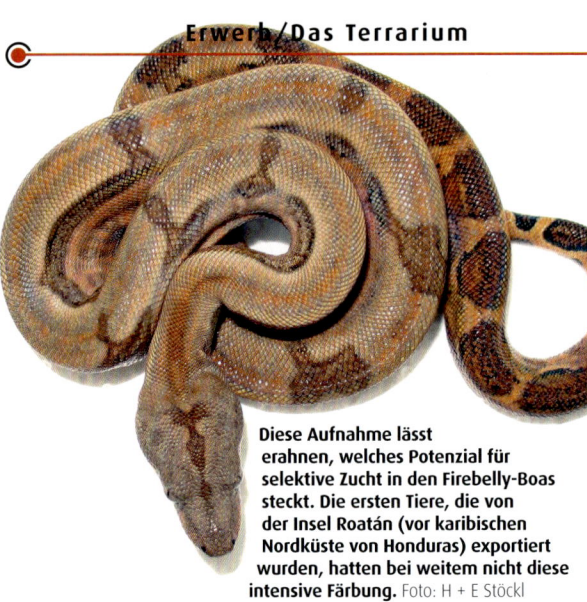

Diese Aufnahme lässt erahnen, welches Potenzial für selektive Zucht in den Firebelly-Boas steckt. Die ersten Tiere, die von der Insel Roatán (vor karibischen Nordküste von Honduras) exportiert wurden, hatten bei weitem nicht diese intensive Färbung. Foto: H + E Stöckl

Gewicht im Abstand von ca. 4–6 Wochen unter denselben Bedingungen überprüfen (am besten nach dem Abkoten). Sollte keine kontinuierliche Gewichtszunahme erfolgen, stimmt etwas nicht.

- Fütterung im Abstand von ca. 10–14 Tagen und nur nachts vornehmen.
- Als Futtertiere frisch behaarte Mäuse oder Springermäuse (das ist die nächste Größe) verwenden, deren Dicke den Leibesumfang der Abgottschlange nur unwesentlich übersteigt.
- Immer nur ein Futtertier geben.

Bevor das Tier in seinen Behälter kommt, das genaue Gewicht feststellen und notieren. Das

Das Terrarium

DAS Terrarium dient dazu, die natürlichen Lebensbedingungen seines Bewohners zu simulieren, seine klimatischen Bedürfnisse zu befriedigen und ihn sicher unterzubringen.

Von der Perfektion dieses Behältnisses hängen im Wesentlichen die Gesundheit und das Wohlergehen Ihres Pfleglings ab. Aus diesem Grund, und weil ein gutes Terrarium ein Leben lang hält, ist hier der falsche Ort für Sparsamkeit.

Material

Abgottschlangen benötigen eine Luftfeuchtigkeit von mindestens 65 % und eine Tagestemperatur von 28–30 °C mit lokalen Aufwärmmöglichkeiten von bis zu 35 °C.

Wenn Sie ein Haus bauen müssten, das auf diese Temperatur beheizt wird, würden Sie dann als Baustoff Glas verwenden? Sicherlich nicht, denn Glas hält keine Wärme. Umso unverständlicher ist es, dass im

- Luftfeuchtigkeit mindestens 65, höchstens 90 %, Tagestemperatur 29–31 °C, nachts 24–26 °C
- Dem Kot Beachtung schenken! Er muss geformt sein und darf nicht zu sehr stinken.
- Bei „verdächtigem" Kot (s. u.) eine Probe zur Untersuchung auf Parasiten einschicken (s. „Weitere Informationen").
- Bei artgerechter Luftfeuchtigkeit (wie sie im Baumarkt-Behälter herrscht) braucht das Abkoten des Tieres nicht abgewartet zu werden, bevor man wieder füttert. Manche Exemplare muss man mehrmals füttern, bevor sie abkoten. Also keine Sorge, wenn das Tier nicht nach jeder Fütterung abkotet.
- Die Schlange erst langsam an die Handhabung gewöhnen. Am Anfang nur zweimal in der Woche für wenige Minuten handhaben, dann Intervalle verringern und Dauer der Handhabung langsam steigern. Sollte das Tier hektisch werden, sofort ins Terrarium zurücksetzen.
- Das Tier fünf Tage nach dem Fressen und während der Häutungsphase nicht handhaben.
- Niemals füttern, wenn das Tier in der Häutungsphase ist, sonst kann es Häutungsprobleme bekommen.

Handel auch heute noch Glasterrarien für tropische Riesenschlangen angeboten werden, obwohl wirklich so ziemlich jedes andere Material geeigneter ist.

Zum Bau eines Terrariums für eine *B. constrictor* bieten sich wegen der besseren Lichtausbeute am besten helle Naturhölzer oder weiß beschichtete Spanplatten an. Die Stärke der Platten sollte 19 mm betragen. Es empfiehlt sich, die Fugen mit Silikon oder Holzleim zu versiegeln. Wird Naturholz verwendet, sollte dieses mit einer ungiftigen (!) Farbe imprägniert werden. Der Fachhandel erteilt hier kompetente Auskunft.

Wir empfehlen aus Gründen der Energieeinsparung, alle Seiten des Terrariums mit Ausnahme der Front zusätzlich noch mit Styrodur zu isolieren. Die Platten können mit Silikon angeklebt oder angeschraubt werden.

Für den Frontrahmen mit den Glasführungsprofilen sollte aus optischen Gründen Naturholz gewählt werden. Es empfiehlt sich, ihn so breit zu wählen, wie es sich ästhetisch und praktisch gerade noch vertreten lässt, um den Glasanteil des Terrariums so gering wie möglich zu halten. Die Stärke der Scheiben darf nicht unter 6 mm liegen. Isolierglas ist zu bevorzugen.

Größe

Hier gehen die Meinungen weit auseinander. Daher hat das Bundesministerium für Ernährung, Landwirtschaft und Forsten, Referat Tierschutz, von einer „Sachverständigengruppe tierschutzgerechte Haltung von Terrarientieren" ein Gutachten über „Mindestanforderungen an die Haltung von Reptilien" eingeholt.

Hinsichtlich der Abgottschlangen sind die Experten zu folgendem Ergebnis gekommen:

Gehegegröße (bezogen auf die Gesamtlänge der Schlange)
Länge x Breite x Höhe
B. constrictor unter 1,5 m
1,0 x 0,5 x 0,75
B. constrictor über 1,5 m
0,75 x 0,5 x 0,75

Die Maße für ein Terrarium, in dem eine 1,60 m lange Abgottschlange gehalten wird, berechnen sich also wie folgt:

1,60 m x 0,75 = 1,20 m (Länge des Terrariums);

1,60 x 0,5 = 0,80 m (Breite des Terrariums);

1,60 m x 0,75 = 1,20 m (Höhe des Terrariums).

Diese Mindestanforderungen gelten für zwei Tiere derselben Größe, die dann in einem Terrarium mit den genannten Maßen untergebracht werden können.

Hierzu ist zu sagen, dass dieses Gutachten für die Behörden nur eine Empfehlung darstellt und sich diese nicht strikt danach richten müssen. Wir sind der Meinung, dass die Vorgaben für die Terrarienhöhe etwas überzogen sind, auch wenn die Maximalhöhe auf 2 m begrenzt ist. Es ist wesentlich leichter, geeignete klimatische Bedingungen in einem Terrarium zu schaffen, wenn es nicht höher als etwa 110 cm gebaut wurde. Zudem wird sich die Abgottschlange in einem niedrigeren Terrarium nicht verletzen, wenn sie beim Klettern herunterfällt (das kommt häufig vor).

Dieses Terrarium im Reptilium Landau wurde liebevoll wie eine Miniaturausgabe des tropischen Regenwaldes gestaltet und ist zweifellos eine Augenweide. Im Falle einer Erkrankung der Boa oder bei Milbenbefall ist es jedoch sehr schwierig, ein solches Behältnis gründlich und nachhaltig zu reinigen. Foto: K. Kunz

Standort

Wenn möglich, sollte ein Terrarium nicht an einer Außenwand aufgestellt werden. Außenwände sind im Winter immer kälter als Innenwände und schaffen Kältepunkte an der Rückwand des Terrariums. Dort kann sich dann durch die hohe Luftfeuchtigkeit Schimmel bilden. Findet sich kein anderer Standort, ist eine 7 cm dicke Styroporplatte

Ein Keramikheizstrahler ist die beste Wahl, ein Terrarium für Riesenschlangen auf eine für die Bewohner artgerechte Temperatur zu bringen. Dabei ist jedoch unbedingt zu beachten, diese Wärmequelle mit einem Schutzgitter zu versehen, damit sich die Schlange nicht verbrennt. Eine herausnehmbare Abtrennung kann bei der Haltung zweier Boas in einem Terrarium sehr nützlich sein. Foto: H + E Stöckl

zwischen der Rückwand des Terrariums und der Außenwand obligatorisch.

Auch auf die Sonneneinstrahlung sollte geachtet werden. Wenn das Terrarium so steht, dass ab Mittag permanent die Sommersonne hinein scheint, kann es selbst hitzeerprobten Tropenbewohnern schnell zu heiß werden. Überhaupt eignen sich Räume mit „Extremwerten" für den Standort eines Terrariums nicht. Damit meinen wir insbesondere Dachzimmer mit einer Bullenhitze im Sommer und feuchte, kalte Kellerräume.

Beheizung

Es gibt keine wirklich gute Möglichkeit, ein Terrarium für eine tropische Riesenschlange zu beheizen. Zu den ganz schlechten gehören Heizmatten und Heizkabel. Wer das nicht glaubt, sollte ein Hygrometer auf eine solche Wärmequelle legen. Wenn dann die Luftfeuchtigkeit bei eingeschalteter Heizmatte ungefähr 20 % beträgt, sollte sich auch bei den Fans der Bodenheizungen die Erkenntnis durchsetzen, dass eine *B. constrictor* bei einem solchen Wert austrocknet, wenn sie es sich zur Gewohnheit macht, dort länger liegen zu bleiben. Man darf sich keinesfalls dadurch täuschen lassen, dass 50 cm weiter weg das Hygrometer 70 % Luftfeuchtigkeit anzeigt. In einem Terrarium können Temperatur- und Luftfeuchtigkeitswerte innerhalb einer sehr kurzen Entfernung große Unterschiede aufweisen.

Wir haben auch schon das Argument gehört, dass sich Boas in ihrem Verbreitungsgebiet auf heißen, asphaltierten Straßen aufheizen. Man darf jedoch nicht vergessen, dass in diesen Ländern die Luftfeuchtigkeit viel höher ist als in den in der

Regel ohnehin schon zu trockenen Terrarien und dass die Tiere dann anschließend wieder in das feuchte Unterholz kriechen und der nächste Regenguss oft nicht lange auf sich warten lässt.

Wir empfehlen daher zur Beheizung eines Terrariums einen mit einem Schutzgitter ummantelten Keramik-Heizstrahler, der von einem Thermostaten gesteuert wird. Diese Heizstrahler gibt es in Stärken von 60–250 Watt. In einem gut isolierten Terrarium schalten sich diese nicht oft ein und erleichtern es so dem Schlangenpfleger, die nötige Temperatur und Luftfeuchtigkeit zu erreichen. Außerdem geben sie kein sichtbares Licht ab und bringen so den Tag/Nacht-Rhythmus des Terrarienbewohners nicht durcheinander.

Beleuchtung

Boa constrictor ist nicht unbedingt auf UV-Strahlen angewiesen, um gesund zu bleiben. Deshalb tut es für die Beleuchtung des Terrariums eigentlich eine ganz normale Leuchtstoffröhre. Allerdings haben diese den Nachteil, dass die schönen Farben des Bewohners unter ihrem Licht nicht so zur Geltung kommen. Wir verwenden

Obwohl es nicht unbedingt erforderlich ist, im Terrarium spezielle Leuchtstoffröhren zu verwenden, empfiehlt sich dennoch der Einsatz von Tageslicht-Röhren wie der Repti Glo 2.0. Deren Leuchtspektrum bringt die Farben der Terrarientiere am besten zur Geltung. Foto: H + E Stöckl

deshalb Leuchtstoffröhren mit Tageslichtspektrum der Marke „Repti-Glo". Es gibt sie – natürlich auch von anderen Herstellern – in vielen Wattstärken und Längen. Im Tageslichtspektrum kommt die Färbung der verschiedenen Abgottschlangen richtig schön zur Geltung.

Bodengrund

Wir sind strikte Verfechter von Zeitungspapier als Bodengrund im Terrarium. Es bietet ein Höchstmaß an Hygiene, Ausscheidungen werden sofort bemerkt, und beim Fressen oder Häuten der Schlange besteht nicht die Gefahr, dass das Tier

Buchenspäne, Seramis, Kleintierstreu, Rindenmulch und was es sonst noch alles gibt ins Maul bekommt und sich eine Stomatitis (Maulfäule) holt. Zudem verkriechen sich die Boas gerne zwischen den einzelnen Schichten und lugen nachts darunter hervor, um Beute zu schlagen. Kurzum: Sie fühlen sich mit Zeitungspapier wohl. Der einzige Nachteil ist, dass es nicht so schön aussieht. Aber wer eine schöne Abgottschlange hat, der benötigt keinen attraktiv aussehenden, aber für das Tier nachteiligen Bodengrund. Und wenn Sie uns nun, da Sie sich mit Zeitungspapier gar nicht anfreunden können, nach dem zweitbesten Bodengrund fragen, dann lautet die Antwort: Zeitungspapier.

Sonstige Ausstattung

Kletteräste und/oder erhöhte Ablageflächen werden von Abgottschlangen gerne angenommen und gehören zur Grundausstattung eines artgerecht eingerichteten Terrariums. Sie sollten Äste jedoch nicht am Boden befestigen, denn das macht das Auslegen des Terrariums mit Zeitungspapier komplizierter.

Wichtig ist auch, den Tieren Unterschlüpfe zu bieten. Umgestürzte Tontöpfe, aus denen eine Öffnung herausgeschnitten wurde, eignen sich dazu ganz hervorragend. Diese lassen sich gut reinigen und bei Bedarf auch mal in den Backofen stecken, um krankheitserregende Bakterien abzutöten.

Ein großes Wasserbecken, das nicht nur als Trink- und Badegefäß dient, sondern mit dem auch die Luftfeuchtigkeit im Terrarium geregelt werden kann, darf natürlich nicht fehlen. Fest eingebaute Wasserbecken lassen sich nicht gut reinigen, und auch der Wasserwechsel ist damit sehr schwer.

Man nehme eine tönerne Blumenschale, schneide mit einer Flex eine Öffnung hinein, und fertig ist die perfekte Schlangenhöhle. Sie ist leicht zu reinigen und lässt sich auch in den Backofen stecken, wenn man Bakterien oder Milben abtöten möchte.
Foto: H + E Stöckl

Deshalb sollten Sie auf so etwas verzichten.

In einem gut konzipierten Terrarium ist es kein Problem, die notwendige Luftfeuchtigkeit durch die Größe (evtl. auch Anzahl) der Wasserbecken zu erzeugen. Das Sprühen wird dadurch überflüssig.

An den diversen Lieblingsstellen der Boa im Terrarium (das sind meistens zwei oder drei) sollte jeweils ein Thermo-/Hygrometer platziert werden. Auch der Fühler des Thermostaten, mit dem der Heizstrahler gesteuert wird, sollte nicht dort hängen, wo er am dekorativsten ist, sondern dort, wo sich die Schlange meistens aufhält.

Bleibt noch die Belüftung. Hier gilt: Je größer die Lüftungsöffnungen, desto schwerer ist es, die erforderliche Luftfeuchtigkeit im Terrarium zu halten. Deshalb müssen Sie einen Kompromiss finden zwischen guter Durchlüftung und artgerechter Luftfeuchtigkeit. Da in der Fuge zwischen den Scheiben auch ein Luftaustausch stattfindet, genügen unseres Erachtens zwei Luftlöcher in der Größe eines Ausguss-Siebs an der Frontpartie des Schlangengeheges. Diese werden

auch mit einem Ausguss-Sieb verschlossen, damit sich die Schlange nicht über die Lüftungsöffnung aus dem Staub machen kann.

Um eine optimale Zirkulation zu gewährleisten, sollte eine Lüftungsöffnung links unten, die andere rechts oben sein.

Auf diesem Bild sieht man auf einen Blick mehrere essenzielle Bestandteile eines Terrariums: das Schutzgitter um den Keramikheizstrahler, die erhöhte Ablage zum Klettern und Lauern, eine herausnehmbare Trennwand, einen umgestürzten Tontopf als Unterschlupf und die Lüftungsöffnung, die mittels eines Abflusssiebes verschlossen wurde. Foto: H + E Stöckl

Pflege

IM Rahmen dieses Buches kann so ein umfangreiches Thema natürlich nur in Grundzügen behandelt werden. Wenn Sie tiefer in die Materie einsteigen wollen, empfehlen wir Ihnen unsere Bücher „Ihr Hobby Riesenschlangen" (2005) und „Handbuch Riesenschlangen" (2003).

Sauberkeit und Hygiene im Terrarium

Ein Terrarium ist ein in sich geschlossenes Minihabitat, in dem dank hoher Luftfeuchtigkeit und Wärme nicht nur die Schlangen gut gedeihen, sondern leider auch Bakterien und Pilze. Deshalb ist Hygiene oberstes Gebot. Besondere Aufmerksamkeit sollte dem Wasserbehälter zuteil werden.

Ein oberflächlicher Blick ins Terrarium genügt nicht, wenn es um die Sauberkeit geht, da Abgottschlangen ihren Kot oft im Unterschlupf absetzen. Also auch dort nachsehen! Wenn das Terrarium ausreichend mit Zeitungspapier ausgelegt wurde, genügt es, die verschmutzte Zeitung zu entfernen und das Becken an dieser Stelle neu auszulegen. Ist doch einmal etwas daneben gegangen, eignet sich z. B. das „Glasflächen Rein"-Spray (Dr. Becher GmbH) als Reinigungsmittel sowohl für die Scheiben als auch für das Terrarium selbst ganz hervorragend. Alle 1–3 Monate (je nach Bedarf) sollten Sie das Terrarium einer Grundreinigung unterziehen. Der tägliche Blick, ob es dem Pflegling auch gut geht, ist ebenso obligatorisch wie die Kontrolle der Luftfeuchtigkeit und Temperatur.

Fütterung

Neben der Funktionsfähigkeit und Sauberkeit des Terrariums ist die Fütterung ein weiterer wichtiger Faktor, der über Gesundheit und Wohlergehen Ihres Pfleglings entscheidet. Der größte Fehler, den man als Halter einer *B. constrictor* machen kann, ist, das Tier zu überfüt-

> **DER PRAXISTIPP**
>
> Das wohl gefährlichste Bakterium für Boas ist *Pseudomonas aeruginosa*. Es vermehrt sich dort, wo es sehr feucht ist. Daher ist es sehr wichtig, nicht nur täglich das Wasser zu wechseln, sondern auch den Behälter gründlich mit einer Spülbürste abzuschrubben. Als Reinigungsmittel eignet sich 25-%ige Essigessenz. Diese sorgt auch dafür, dass sich keine Kalkablagerungen im Gefäß bilden.

tern. Eine erheblich verkürzte Lebenserwartung, Fettleber und Unfruchtbarkeit sind die häufigsten Folgen. Wir raten daher dringend dazu, unseren Fütterungsrichtlinien, die für juvenile (halbwüchsige) und adulte (geschlechtsreife) Abgottschlangen gelten, zu folgen:

- Die Größe des Futtertieres sollte den Leibesumfang der Boa nicht übersteigen.
- Immer nur ein Futtertier passender Größe geben.
- Im Zweifelsfall immer ein kleineres Futtertier geben statt ein zu großes.
- Boaweibchen werden alle 2–3 Wochen, Boamännchen alle 3–5 Wochen gefüttert. Bei juvenilen Exemplaren empfiehlt es sich, den ersten Wert und bei adulten Exemplaren den zweiten Wert zu nehmen.

Geeignete Futtertiere sind z. B. Ratten, Mäuse, Vielzitzenmäuse, Rennmäuse, Hamster und Hühnerküken. Aber auch junge Meerschweinchen und Kaninchen können angeboten werden, wenn sie nicht zu groß sind. Abgottschlangen sind dämmerungs- und nachtaktive Tiere, deshalb sollte die Fütterung nicht tagsüber erfolgen.

Die Meinung, dass Abgott-

Boa constrictor hat ihren Namen von der Art und Weise bekommen, wie sie ihre Beute tötet. Das Futtertier wird so lange mit aller Gewalt umschlungen, bis der Tod eintritt. Danach verschlingt das Reptil den Nager vom Kopf beginnend in einem Stück. Foto: D. Schnell

schlangen nur lebendes Futter akzeptieren, ist immer noch weit verbreitet. Das stimmt jedoch nicht, denn fast alle nehmen auch frisch tote und sogar aufgetaute Futtertiere.

Eine lebende Ratte kann im Todeskampf die Schlange erheblich verletzen. Deshalb und um dem Futtertier Leiden zu ersparen, ist es ratsam, es schnell und schmerzlos zu töten, bevor es der Boa angeboten wird. Ein Wirbeltier töten darf jedoch nur, wer über die dazu notwendigen Kenntnisse und Fähigkeiten verfügt. Ein Tierarzt kann Ihnen hier beratend zur Seite stehen.

Frostfutter sollte keine Dauerlösung sein, da diese Kost nicht besonders vitaminreich ist. Es empfiehlt sich daher, bei jeder dritten Fütterung frisch tote oder lebende Futtertiere anzubieten. Von Vitaminpräparaten für Abgottschlangen raten wir ab. Die Gefahr einer Überdosierung fettlöslicher Vitamine ist zu groß!

Aufgetaute und frisch tote Futtertiere werden der Abgottschlange mit einer langen Futterzange angeboten, die im Fachhandel erhältlich ist. Hat die Schlange zugepackt, kann durch Rütteln und Ziehen mit der Zange am toten Futtertier der Todeskampf des „Opfers" simuliert werden, und die natürlichen Instinkte des Pfleglings bleiben erhalten.

Futterverweigerung

Wenn Abgottschlangen nicht fressen, kann das verschiedene Ursachen haben. Hier sind die häufigsten:

- Die Boa ist nicht hungrig. – Lösung: 14 Tage warten, dann wieder versuchen.
- Das Tier kommt in die Häutungsphase oder ist in der Häutung. – Lösung: Erst nach der Häutung füttern.
- Die Schlange mag nur lebende/nur tote Futtertiere. – Lösung: Vorlieben ausprobieren.
- Es wird nicht die richtige Futtertiergröße/Futtertierart angeboten. – Lösung: Variationen ausprobieren.
- Das Futter wird zur falschen Tageszeit (untertags) angeboten. – Lösung: Nachts füttern.
- Das Männchen ist in der Paarungszeit. – Lösung: Ende der Paarungszeit abwarten.
- Das Weibchen ist trächtig. – Lösung: Alle vier Wochen ein Futtertier anbieten, das nur halb so groß ist wie sonst. Spätestens nach der Geburt der Jungen müsste das Muttertier wieder ans Futter gehen
- Die Haltungsbedingungen (Temperatur, Luftfeuchtigkeit, Beschaffenheit des Terrariums) passen nicht. – Lösung: Haltungsbedingungen überprüfen und optimieren.
- Die Schlange fühlt sich vom Pfleger gestört. – Lösung: Die Boa mit dem (toten!) Futtertier für einige Stunden allein lassen.
- Die Boa ist krank. – Lösung: Im Zweifelsfall lieber gleich einen kompetenten Tierarzt aufsuchen.

Sie sollten Ihre Abgottschlange im Fall einer Futterver-

Das adulte Weibchen der Hog-Island-Boa auf dem Foto ist eine besonders prächtige Vertreterin der orange Variante dieser Inselform von *Boa c. imperator.*
Foto: H + E Stöckl

weigerung nicht mit täglichen Fütterungsversuchen stressen. Wenn sie nicht frisst, gibt es den nächsten Versuch erst zwei Wochen später.

Als erste Maßnahme bei Nahrungsabstinenz ist die Abgottschlange zu wiegen und das Gewicht in Abständen von ca. zehn Tagen zu überprüfen. Unser Tipp: Eine ernste Erkrankung äußert sich häufig in einem rapiden Gewichtsverlust Ihres Pfleglings. Gesunde adulte oder semi-adulte Abgottschlangen können ohne Probleme sechs Monate lang hungern, ohne erheblich an Gewicht zu verlieren. Auch Boababys macht eine sechs- bis achtwöchige Nahrungsabstinenz nichts aus.

Ausscheidungen

Bei Riesenschlangen werden Kot und Harn sowie Harnstein über die Kloake ausgeschieden. Die Kloake ist eine durch einen Schild bei Nichtgebrauch verschlossene Körperöffnung an der Bauchseite des Tiers, am Übergang vom Körper zum Schwanz. Meist 3–7 Tage nach

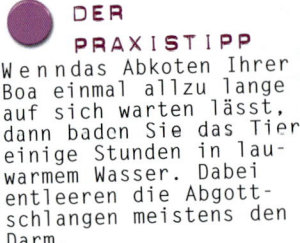

DER PRAXISTIPP

Wenn das Abkoten Ihrer Boa einmal allzu lange auf sich warten lässt, dann baden Sie das Tier einige Stunden in lauwarmem Wasser. Dabei entleeren die Abgottschlangen meistens den Darm.

der Fütterung setzt die Boa Harnstein ab. Dieser ist weiß bzw. gelblich gefärbt. Harnstein kann eine feste Konsistenz haben, in diesem Fall sieht er aus wie Kalkklumpen. Oft hat er auch eine halbfeste Beschaffenheit, was dann optisch an das Weiße eines Spiegeleis erinnert. Der Kot der Abgottschlange ist dem Stuhl des Menschen ähnlich. Die Beschaffenheit der Ausscheidungen einer Abgottschlange lässt Rückschlüsse auf den Gesundheitszustand zu. Bei einem gesunden Exemplar ist der Kot geformt, und die Geruchsbelästigung hält sich in Grenzen. Es kann keine genaue Regel aufgestellt werden, wie oft und wie viele Tage nach der Fütterung Kot abgegeben wird. Manche Exemplare sammeln die Ausscheidungen von drei oder vier Fütterungen, bevor sie abkoten. Unser Rekordhalter in dieser Beziehung, eine halbwüchsige *B. c. sabogae*, hat einmal drei Monate lang „gesammelt". Danach dachten wir, ein 5-m-Tigerpython liege da im Terrarium, nach der Menge der Ausscheidungen zu urteilen …

Die Vorfahren dieser pastellfarbenen *Boa constrictor* wurden aus Kolumbien importiert. Exemplare mit dieser Farbgebung stehen in der Terraristik hoch im Kurs.
Foto: T. Kittig

Wenn die Temperatur- und Luft-feuchtigkeitswerte stimmen und das Tier genügend Platz zum Herumkriechen hat, muss man sich keine Gedanken ma-chen, wenn die Boa längere Zeit keinen Kot absetzt.

Es versteht sich von selbst, dass Ausscheidungen immer sofort aus dem Terrarium entfernt werden müssen. Parasiten und krankheitserregende Bakterien können im Kot nachgewiesen werden. Es ist deshalb unerläss-lich, routinemäßig mindestens einmal im Jahr eine Kotprobe von einem auf solche Untersu-chungen spezialisierten Labor überprüfen zu lassen (s. „Wei-tere Informationen").

Häutung

Je nach Fütterung (und damit Wachstum) und Alter des Tieres häuten sich Abgottschlangen im Durchschnitt zwischen drei und sechs Mal pro Jahr. Als Faustregel kann gelten: Je älter die Schlange, umso weniger oft wird sie sich häuten.

Wenn das Tier in die Häutungs-phase kommt, bildet sich unter der alten Hautschicht eine neue. Zwischen beiden befindet sich ein Flüssigkeitsfilm, der dazu führt, dass die Farben der Ab-

Wenn die Haltungsbedingungen stimmen, dann streifen Abgottschlangen ihre alte Haut in einem Stück vom Maul beginnend bis zur Schwanzspitze ab. Ein bisschen Arbeit hat also diese Boa aus Sonora/Mexiko noch vor sich.
Foto: H + E Stöckl

gottschlange stumpf und grau aussehen und der Bauch sowie die Augen eine milchig trübe Färbung annehmen. In dieser Phase sieht das Tier so gut wie nichts und verhält sich sehr passiv. Viele Exemplare sind während der Häutungspha-se aggressiver bzw. schreck-hafter. Deshalb sollte man die Tiere in dieser Zeit möglichst in Ruhe lassen. Kurz bevor die Häutung stattfindet, wird der Flüssigkeitsfilm zwischen den Hautschichten resorbiert, und es entsteht der Eindruck, das Tier hätte sich bereits gehäu-tet, weil es fast wieder „normal" aussieht. Dies ist jedoch nur ein Zeichen dafür, dass die Häutung während der nächsten 48 Stunden erfolgen wird. Wenn alles gut verläuft (was der Normalfall sein sollte), wird die Haut vom Maul beginnend in Richtung Schwanz in einem Stück abgestreift. Ist das nicht der Fall, stimmen die Haltungs-bedingungen nicht (und müssen dann optimiert werden!), oder es wurde während der Häutungsphase gefüttert. Das sollte auf alle Fälle vermieden werden, da es zu Häutungs-schwierigkeiten führen kann! Wenn nach der Häutung Hautreste am Tier verblieben sind, hilft meist ein bis zu 24-

Nachzucht

AUCH hier gilt, was wir zur Einleitung des Kapitels über die Pflege von *B. constrictor* geschrieben haben: Ein solch komplexes Thema kann im Rahmen dieses Buches nur in Grundzügen be-handelt werden. Glücklicher-

Das Fortpflanzungsorgan männlicher Abgottschlangen ist paarig angelegt und wird Hemipenis genannt. Allerdings wird immer nur ein Ende bei der Begattung eingeführt. Das andere verbleibt im der Hemipenistasche des Männchens. Foto: H + E Stöck

stündiges Bad in lauwarmem Wasser. Als „Zwangs-Badewanne" eignet sich am besten ein Plastikbehälter aus dem Baumarkt mit fest verschließbarem Deckel. In dem Bad lösen sich die Häutungsreste von selbst oder können mit Daumen und Zeigefinger abgezupft werden. Von Häutungsresten an den Augen sollte der unerfahrene Abgottschlangenhalter allerdings die Finger lassen. Hier ist die Gefahr zu groß, das Auge zu verletzen. Es empfiehlt sich daher, einfach die nächste Häutung abzuwarten und das Tier präventiv zu baden, wenn es wieder in die Häutungsphase kommt.

weise klappt die Fortpflanzung bei Abgottschlangen oft auch ohne dass der Besitzer der Tiere umfangreiche Bücher zu diesem Thema gelesen hätte. Mit ein bisschen Glück genügt Ihnen unsere „Kurzanleitung", um vom Boahalter zum Boazüchter zu mutieren ...

Geschlechtsbestimmung

Es ist eine Binsenweisheit, dass zur erfolgreichen Zucht mindestens ein Männchen und ein Weibchen nötig sind. Deshalb sollten Sie sich bei Ihren Tieren hinsichtlich des Geschlechts sicher sein. Bei adulten Boas ist eine Geschlechtsbestimmung relativ einfach: Die Männchen besitzen im Vergleich zu den Weibchen wesentlich größere Aftersporne. Diese links und rechts neben der Kloake sitzenden hornartigen Klauen sind die Überreste der hinteren Extremitäten, welche die Vorfahren der Abgottschlangen in grauer Vorzeit noch besaßen. Eine Geschlechtsbestimmung bei Boababys ist nur durch Sondieren (Einführen einer Metallsonde in die Hemipenistaschen des Männchens bzw. in die Hemiclitoristaschen des Weibchens) oder durch Palpieren möglich. Ein Laie sollte aufgrund der Gefahr, die beide Methoden für das kleine Geschöpf darstellen, tunlichst die Finger davon lassen. Hier ist ein kompetenter Tierarzt bzw. ein erfahrener Züchter der richtige Ansprechpartner.

Vergesellschaftung

Obwohl sich häufig auch Boas fortpflanzen, die das ganze Jahr zusammen gehalten werden, empfiehlt es sich doch, Männchen und Weibchen außerhalb der Paarungszeit voneinander zu trennen. Der Ortswechsel beim Zusammensetzen bzw. der neue Mitbewohner geben oft den nötigen „Schubs", um Paarungsaktivitäten auszulösen. Wir halten es für besser, die Männchen zu den Weibchen zu setzen. Aber andere Züchter machen es umgekehrt und haben auch Erfolg.

Paarungszeit

Abgottschlangen kommen einmal im Jahr für ca. 3–4 Monate in Paarungsstimmung. Der genaue Zeitpunkt hängt von der Unterart und Varietät ab und wird auch vom lokalen Klima beim Halter beeinflusst. In der Regel liegt die Paarungszeit irgendwann zwischen September und Ende April. Um den richtigen Zeitpunkt nicht zu versäumen, sollten Sie Ihre Boas spätestens im Oktober vergesellschaften.

Begleitende Maßnahmen

Es gibt genügend Züchter, die ohne irgendwelche Änderungen der Haltungsbedingungen ihre Tiere regelmäßig vermehren. Jedoch scheinen die Zuchtergebnisse besser zu sein, wenn kurz vor Beginn der Paarungszeit eine sogenannte Winterruhe eingeleitet wird. Zu diesem Zweck empfehlen wir, schrittweise über den Zeitraum von vier Wochen hinweg die Beleuchtungsdauer im Terrarium um ca. zwei Stunden und die Nachttemperatur um etwa 2–3 °C unter den sonst üblichen Wert zu reduzieren. Die Tagestemperaturwerte bleiben gleich oder werden sogar um 1–2 °C erhöht. Diese Bedingungen sollten Sie über einen Zeitraum von etwa drei Monaten („Einschleichphase" inbegriffen) beibehalten. Danach kehrt man schrittweise über ca. 14 Tage hinweg wieder zu den alten Werten zurück.

Werbungsverhalten

Das Männchen zeigt seine Paarungsbereitschaft dadurch, dass es das Weibchen im Terrarium verfolgt, die Partnerin bezüngelt und im weiteren Verlauf mit seinem Schwanz den ihren umklammert. Dabei stimuliert das Männchen die Umworbene durch intensives

Kratzen mit seinen Afterspornen und rhythmisches Zusammenpressen ihres Schwanzes mit dem seinen. Dieses Verhalten kann sich oft wochenlang wiederholen, bevor das Weibchen schließlich die Kloake öffnet und dem Männchen das Einführen eines Hemipenis gestattet. Das Fortpflanzungsorgan des Männchens ist Y-förmig, hat also zwei Enden (die Hemipenes). Es wird jedoch immer nur ein Hemipenis eingeführt.

Der Leibesumfang dieser Surinam-Rotschwanzboa aus dem Gebiet um das Dörfchen Pokigron lässt keinen Zweifel an der Trächtigkeit aufkommen. Foto: H + E Stöckl

Ovulation

Zu einer erfolgreichen Befruchtung kann es nur kommen, wenn das Weibchen seine Eier in die Eileiter entlässt. Dieser Vorgang ist für einen erfahrenen Züchter gut sichtbar, da er mit einer plötzlichen und erheblichen Umfangsvermehrung des Weibchens verbunden ist, die einige Tage anhält.

Trächtigkeit

Wenn mehrere Wochen lang keine Paarungen mehr beobachtet wurden, sollte das Männchen aus dem Gemeinschaftsterrarium genommen werden, damit das Weibchen seine Ruhe hat. Die Trächtigkeitsdauer bei *B. constrictor* beträgt etwa sechs Monate. Anzeichen für eine Trächtigkeit sind:

Misstrauisch beobachtet dieses Pearl-Island-Boa-Weibchen den Fotografen. Das Muttertier hat durch seinen Wurf einen wichtigen Beitrag zur Erhaltung dieser Unterart geleistet, denn auf dem Taboga-Komplex, wo die Großeltern der Jungen gefangen wurden, ist *Boa c. sabogae* mittlerweile ausgerottet. Foto: H + E Stöckl

- dunklere Färbung
- deutliche Vermehrung des Leibesumfanges
- verminderter Appetit oder Futterverweigerung
- Aufsuchen warmer Plätze
- reduzierte Aktivität
- Drehen der Bauchseite nach außen

Geburt

Abgottschlangen sind ovovivipar: Der gesamte Reifeprozess des Eis vollzieht sich im Mutterleib, statt einer festen Schale wird jedoch nur eine Membran ausgebildet. Diese muss das Boababy durchstoßen, nachdem es zur Welt gekommen ist, sonst erstickt es. Hier trifft die Natur bereits ihre erste Auslese, denn schwache Tiere schaffen es nicht, die Eihülle zu durchstoßen. Gegebenenfalls kann der Züchter hier unterstützend eingreifen, wenn er beim Geburtsvorgang anwesend ist. In seltenen Fällen hilft auch die Mutter den Jungen, indem sie mit geöffnetem Maul die Eihüllen zerreißt. Zusammen mit den Jungen werden häufig auch unbefruchtete Eier (sog. Wachseier) abgelegt. Ist es nicht zu einer erfolgreichen Befruchtung gekommen, besteht der gesamte Wurf aus unbefruchteten Eiern.

Abgottschlangen kommen in einer transparenten Eihülle zur Welt. Diese müssen sie nach der Geburt durchstoßen, um Luft zu bekommen. Tiere, die zu schwach dafür sind, ersticken. Hier trifft die Natur schon ihre erste Auslese. Foto: H + E Stöckl

Versorgung der Jungen

Wenn alle Schlangenbabys zur Welt gekommen sind, wird die Mutter aus dem Terrarium genommen. Vorsicht: Sie kann zu diesem Zeitpunkt sehr aggressiv sein! Nachdem das Terrarium gründlich gereinigt und neu eingerichtet wurde, kann das Zuchtweibchen wieder einziehen.

Die Jungen kommen in mit Papiertüchern ausgelegte Plastikbehälter aus dem Baumarkt (s. S. 28). Das vorherige Abbinden und Durchtrennen der Nabelschnur, Baden und anschließendes Einpudern der Schnittstelle mit Tyrosur-Puder sind wünschenswert, aber nicht zwingend erforderlich.

Gesunde Boababys häuten sich innerhalb von 14 Tagen nach der Geburt und gehen dann nach und nach selbstständig ans Futter. Am besten eignen sich dazu lebende, frisch behaarte Mäuse. Es werden nicht alle Babys gleich beim ersten Versuch fressen. Oft sind vier oder fünf Versuche im Abstand von einer Woche (nicht öfter probieren!) nötig, bis das letzte Tier gefressen hat.

Der Mutter sollte 1–2 Tage nach der Geburt wieder Futter angeboten werden, das sie in der Regel gierig annimmt.

Krankheiten

IN In diesem Kapitel wollen wir Ihnen einen kurzen Überblick über die häufigsten Erkrankungen bieten. Die Behandlung bleibt einem kompetenten Reptilien-Tierarzt vorbehalten (s. „Weitere Informationen"). Verzichten Sie unbedingt darauf, selber „herumzudoktern"! Ihre Aufgabe ist es, rechtzeitig zu erkennen, wenn sich Ihre Schlange nicht wohl fühlt, und dann entsprechende tierärztliche Hilfe in Anspruch zu nehmen.

Die helle Variante der Mexiko-Boa wird hauptsächlich in Cancun/ Bundesstaat Quintana Roo gefunden. Die Vertreter der nicht anerkannten Unterart *„Boa c. sigma"* von den Tres-Marias-Inseln vor der Pazifikküste Mexikos sehen genauso aus.
Foto: H + E Stöckl

Krankheitsanzeichen:

- Deutlicher Gewichtsverlust
- Auswürgen der Nahrung
- Erhöhtes Bedürfnis nach Wärme (Ausnahme: trächtige Weibchen)
- Breiige und abnormal gefärbte Ausscheidungen
- Blut in den Ausscheidungen
- Passives Verhalten (kriecht nachts nicht mehr herum)
- Unerklärliche Futterverweigerung (nicht trächtig, nicht in der Häutung, nicht in Paarungsstimmung)
- Zu häufige Häutungen
- Tier wird dunkler und bekommt eine „stumpfe" Färbung (Ausnahme: Häutung)
- Die Boa rollt sich nicht mehr zusammen, sondern liegt meist ausgestreckt im Terrarium
- Pfeifende Atemgeräusche
- Schleim in Maul und/ oder Nase
- Koordinationsstörungen
- Übermäßiges und häufiges Trinken

Jeder einzelne dieser Punkte ist für sich allein genommen schon Grund genug, die Abgottschlange einem kompetenten Tierarzt vorzustellen!

Bakterielle Infektionen

Ein Terrarium ist ein geschlossenes Umfeld mit einem feuchtwarmen Klima und geringem Luftaustausch, das heißt also: die ideale Brutstätte für krankheitserregende Bakterien. Es ist deshalb unbedingt notwendig, täglich das Wasser zu wechseln und Exkremente sofort zu entfernen. Auch sollte das Terrarium einmal im Monat oder spätestens alle zwei Monate einer Grundreinigung unterzogen werden.

Doch trotz aller Hygiene kann es passieren, dass sich Ihr Tier mit krankheitserregenden Bakterien infiziert. Nicht selten ist die Ursache eine vorangegangene Parasitose, die das Immunsystem geschwächt hat. Bevorzugte „Angriffsziele" der Bakterien sind Magen/Darm-Trakt, Atemwege, Haut und Maul (Stomatitis, Maulfäule). In diesem Fall nimmt der Tierarzt einen Abstrich und schickt ihn an ein Labor, wo festgestellt wird, welche Arten pathogener Erreger das Tier befallen haben und welches Antibiotikum wirksam ist. Von einer Antibiotikagabe „ins Blaue hinein" ist dringend abzuraten!

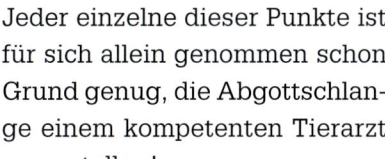

DER PRAXISTIPP
Wenn Sie mit Ihrer kranken Abgottschlange zum Tierarzt gehen, und der zückt eine Vitaminspritze, dann fallen Sie ihm am besten sofort in den Arm. Viele Mischpräparate enthalten fettlösliche Vitamine (z. B. Vitamin A) in hoher Dosis, was für die Boa nicht ungefährlich ist. Die Verabreichung einer Vitaminspritze ist in der Regel nichts anderes als ein Ausdruck der Hilflosigkeit des mit der Behandlung eines solchen Tieres überforderten Veterinärs.

Innenparasiten

Auch ein Befall mit Innen- oder Endoparasiten führt häufig zur Erkrankung. Neben Einzellern wie Flagellaten und Amöben sind es vor allem Nematoden (Fadenwürmer), Cestoden (Bandwürmer), Kokzidien und Trematoden (Saugwürmer), die den Darm und andere Organe Ihres Tieres befallen können. Es empfiehlt sich daher, mindestens einmal im Jahr eine Kotprobe von einem geeigneten Labor bzw. einem auf Reptilien spezialisierten Tierarzt untersuchen zu lassen. Wir beispielsweise schicken die Proben unserer Tiere an die Tierärzte Dr. Katharina und Dr. Wolfgang Heu-

Der Bundesstaat Sonora ist die Heimat der dunklen Variante der mexikanischen *Boa c. imperator*. Aber auch im Bundesstaat Chiapas werden solche Tiere gefunden.
Foto: H + E Stöckl

berger, Galgweiser Straße 13, 94501 Gainstorf bei Aldersbach, http://www.reptilienpraxis-niederbayern.com. Weitere Reptilientierärzte finden Sie auf der Internetseite der Deutschen Gesellschaft für Herpetologie und Terrarienkunde (DGHT e. V., http://www.dght.de/amphrep/tiergesundheit/tieraerzte.htm). Überregional bekannte Labors sind im Anhang dieses Buchs unter „Weitere Informationen" aufgelistet.

Geeignete Behälter zur Entnahme und zum Versand der Kotproben gibt es beim Tierarzt, in der Apotheke oder seit Neuem auch im Zoohandel. Auch leere Filmdosen eignen sich.

Es ist zu beachten, dass manche Parasitenarten nicht bei jedem Abkoten ausgeschieden werden. Deshalb sollten Sie mindestens zwei aufeinander folgende Kotabgaben untersuchen lassen. Um ganz sicher zu sein, sind sogar fünf Proben erforderlich. Unter dem Mikroskop sieht dann das geschulte Auge, ob Ihr Tier befallen ist und wenn ja, welche Arten von Parasiten ihr Unwesen treiben. Der Tierarzt bestimmt dann das wirksame Mittel und die richtige Dosis, um den Plagegeistern den Garaus zu machen. Auch die Verabreichung des entsprechenden Mittels fällt unter seine Zuständigkeit. Nur erfahrene Schlangenhalter sollten sich da selbst herantrauen, weil die Arznei meist über eine Magensonde verabreicht werden muss, um einen ausreichenden Wirkstoffspiegel zu erreichen und Resistenzen zu vermeiden.

Außenparasiten

Hier sind Zecken und Schlangenmilben zu nennen. Die Ersteren sind gleich abgehandelt, weil sie a) ohnehin nur bei Wildfängen zu finden sind und b) die

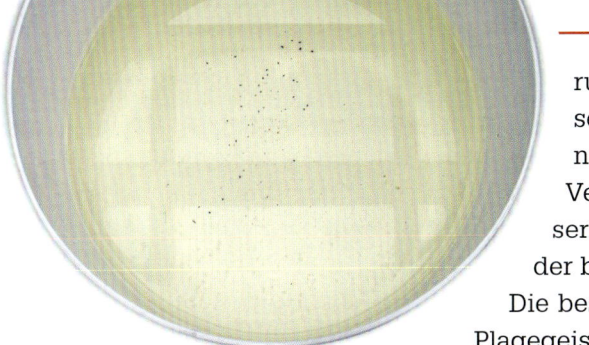

Wenn eine Boa, die sonst nie ins Wasser geht, ausgiebig badet, kann das auf Milbenbefall hindeuten. Und so sieht es dann aus, wenn sich der Verdacht bewahrheitet. Die ertrunkenen Milben sind am Boden des Wasserbehälters als schwarze Punkte sichtbar. Foto: H + E Stöckl

Behandlung einfach ist: Zeckenzange nehmen und raus damit. Wesentlich schwieriger wird es bei den Milben. Diese winzigen Spinnentierchen gelangen über infizierte Futtertiere, Pflanzen, Einstreu oder neu erworbene, milbenverseuchte Boas ins Terrarium. Dort befallen sie die Schlangen, saugen deren Blut und vermehren sich anschließend explosionsartig. Meistens erkennt man den Milbenbefall, wenn sich eine derart heimgesuchte Boa dieser Plagegeister mittels eines Vollbades im Wasserbecken zu entledigen versucht. Die ertrunkenen Parasiten schwimmen dann am Grund des Behälters und sind als kleine schwarze bzw. nach einer Blutmahlzeit deutlich rote Punkte sichtbar. Die Erleichterung für die Abgottschlange ist jedoch nur kurz, da sie nach Verlassen des Wasserbeckens sofort wieder befallen wird.

Die beste Methode, dieser Plagegeister Herr zu werden, ist nach unserer Erfahrung der „Detia"-Insektenstrip mit dem Wirkstoff Dichlorvos. Wir müssen jedoch darauf hinweisen, dass diese Strips nicht für die Anwendung bei Reptilien gedacht sind und es schon zu Todesfällen bei behandelten Schlangen gekommen ist! Pro Kubikmeter Terrarium schneiden wir mit einer Schere 2 cm der Platte ab und hängen das Teilstück in die Mitte des Terrariums. Dies ist ein Vielfaches der vom Hersteller angegebenen Menge, aber bei der „normalen Dosis" leben die Milben munter weiter. Um zu verhindern, dass die Schlange mit dem Dichlorvos in Berührung kommt, wird die Wirkstoffplatte in ein kleines Stück eines Nylonstrumpfes gesteckt. Selbstverständlich muss vor Beginn der Behandlung der Bodengrund komplett entfernt werden. Wichtig ist auch, für die Dauer der Anwendung die Luftfeuchtigkeit im Terrarium auf

50 % oder weniger zu senken, da der Wirkstoff sonst zu schnell abgebaut wird. Das heißt also: Alle Wasserbehälter raus!

Um auch die frisch geschlüpften Milben zu erwischen, empfiehlt

Die aberrante (abweichende) Sattelfleckenzeichnung dieser Kurzschwanzboa aus Bolivien ist genetisch bedingt und damit erblich. Foto: H + E Stöckl

es sich, die Behandlung über den Zeitraum von sieben Tagen durchzuführen. Die Abgottschlangen sollten dabei jeden zweiten Tag für mehrere Stunden gebadet werden, damit sie nicht unter den trockenen Bedingungen im Terrarium leiden. Nach einer Woche können Sie das Milbenproblem als erledigt betrachten. Es empfiehlt sich aus hygienischen Gründen, das Terrarium gründlich auszuwaschen, bevor es neu eingerichtet wird.

Eine weitere Möglichkeit ist die Behandlung mit „Frontline". Ein Sprühstoß wird auf einen Einmalhandschuh aufgetragen und die Schlange damit eingerieben. Die Behandlung wird nach zehn Tagen wiederholt. Es empfiehlt sich, an den Behandlungstagen das Wasser herauszunehmen. Frontline ist gut verträglich, aber auch nicht für die Anwendung bei Reptilien zugelassen. Also auch hier: Anwendung auf eigene Gefahr!

Am besten lassen Sie sich auch in Bezug auf die Milbenproblematik von einem erfahrenen Reptilien-Tierarzt beraten.

Viruserkrankungen

Hier ist in erster Linie die Einschlusskörperchenerkrankung (Inclusion Body Disease, IBD) zu nennen. Diese seit den 70er-Jahren bei Boiden bekannte Virusinfektion führt zu einer Schwächung des Immunsystems ähnlich wie Aids beim Menschen. Da es sich zudem vermutlich um ein Retrovirus handelt, wird auch von „Boa-Aids" gesprochen. Dieser Terminus ist allerdings etwas irreführend, weil diese Krankheit auch Pythons befallen kann.

Die Übertragung erfolgt nach dem gegenwärtigen Kenntnisstand ähnlich wie beim HI-Virus über Körperflüssigkeiten (Blut, Urin, Sperma), auch über Schlangenmilben. Bei guter Hygiene ist nicht damit zu rechnen, dass sich Abgottschlangen anstecken, die in einem benachbarten Terrarium gehalten werden. Selbst bei Boas im selben Behältnis muss es nicht zwangsläufig zur Ansteckung kommen. Ebenso wie bei Aids sterben die befallenen

Die Rotschwanzboas von Trinidad sind die einzige Inselform von *Boa c. constrictor*.
Foto: H + E Stöckl

Tiere nicht am Virus, sondern an anderen Krankheiten (meist bakterielle Infektionen), die durch die Schwächung des Immunsystems begünstigt wurden.

Ein IBD-Befall kann nur durch eine Biopsie der Bauchspeicheldrüse, die am toten Tier vorgenommen wird, annähernd zweifelsfrei festgestellt werden. Blutuntersuchungen und nach neuesten Erkenntnissen auch Leberbiopsien (beide Tests werden am lebenden Tier durchgeführt) bieten keine ausreichende diagnostische Sicherheit. Insofern ist die Aussage „hundertprozentig IBD-frei", wie man sie öfters in Verkaufsanzeigen für Abgottschlangen lesen kann, schlicht und ergreifend falsch und irreführend! Eine weiterer Unsicherheitsfaktor sind zudem falsch positive Bewertungen durch die Untersuchenden. Zu solchen Fehldiagnosen kommt es, weil auch andere, für das Tier harmlose Viren Einschlusskörperchen bilden. Auch bestimmte Zellstrukturen (nuclear bodies) können falsch interpretiert werden. Es ist bereits vorgekommen, dass sich bei der Autopsie einer mit-

tels Blutausstrich positiv auf IBD getesteten Abgottschlange herausstellte, dass in Wirklichkeit gar kein IBD vorlag. Wird in so einem Fall aufgrund eines „positiven" Bluttests ein gesundes Tier eingeschläfert, ist das besonders fatal.

Gegen IBD gibt es leider keine Therapie. Allerdings scheint sich entweder das Virus zu verändern, oder die Boas werden immer widerstandsfähiger dagegen, da sich in letzter Zeit die Berichte über Abgott-

Rechtliches

ABschließend wollen wir Sie noch kurz mit einigen rechtlichen Aspekten der Haltung von Abgottschlangen vertraut machen.

Meldepflicht

Gemäß § 6 Abs. II der Bundesartenschutzverordnung(BArtSchV) müssen Zahl, Art, Alter, Geschlecht, Herkunft, Verbleib, Standort (auch die Änderung desselben), Verwendungszweck und Kennzeichen besonders geschützter Tiere unverzüglich der Unteren Naturschutzbehörde gemeldet werden. Obwohl

grundsätzlich alle Unterarten von *B. constrictor* unter diese Bestimmungen fallen, wurden *B. c. imperator* und *B. c. constrictor* Anfang 2005 von der Anzeigepflicht ausgenommen. Die Behörde kann jedoch auch für diese beiden Unterarten einen Nachweis über den legalen Besitz verlangen.

Herkunftsnachweis und Bescheinigung

Für alle Unterarten außer *B. c. occidentalis* genügt ein sogenannter Herkunftsnachweis, um den legalen Besitz des Tieres

schlangen häufen, die jahrelang ohne Symptome mit IBD leben. Es ist durchaus möglich, dass am Ende dieser Entwicklung eine völlige Immunität der Abgottschlangen gegen das IBD-Virus steht, falls es nicht sogar schon solche Exemplare gibt.

Über die „IBD-Durchseuchungsrate" der in privater Haltung befindlichen *B. constrictor* gibt es keine belastbaren Zahlen.

zu dokumentieren. Dieser wird vom Züchter ausgestellt und muss folgende Daten enthalten:

- Art und Unterart (deutsche und wissenschaftliche Bezeichnung)
- Geburtsdatum
- Anzahl der Tiere
- Geschlecht
- Herkunft (Daten des Züchters)

Die Tarahumara-Boas aus dem Bundesstaat Chihuahua in Mexiko zeigen am Bauch eine ockergelbe Färbung, die je nach Exemplar unterschiedlich stark ausgeprägt ist. Sie gehören zu den kleinsten Vertretern von *Boa c. imperator*. Bereits mit 1 m Länge können Weibchen Junge bekommen. Foto: H + E Stöckl

- Verbleib (Name und Adresse des neuen Besitzers)
- Abgabedatum
- Schutzstatus
- Ausstellungsdatum und Ort

Südboas (*B. c. occidentalis*) gelten als unmittelbar vom Aussterben bedroht und wurden deshalb in den CITES-Anhang I aufgenommen. Für diese Tiere genügt ein vom Züchter ausgestellter Herkunftsnachweis nicht, sondern es ist eine Bescheinigung erforderlich. Diese wird von der Unteren Naturschutzbehörde ausgestellt.

Kennzeichnungspflicht

Wirbeltiere der in der Anlage 6 zur BArtSchV aufgeführten Arten sind zu kennzeichnen, heißt es in dieser gesetzlichen Bestimmung lapidar. Bei den Abgottschlangen betrifft die Kennzeichnungspflicht nur *B. c. occidentalis*. Ihr kann mittels Fotodokumentation oder Transponder („Chip") genüge getan werden. Nähere Aus-

Dank

ZUM Abschluss dieses Buches wollen wir uns bei denen bedanken, die hilfreich zu seinem Gelingen beigetragen haben: Zu nennen sind insbesondere Herr Schepp von der wissenschaftlichen Abteilung des Bundesamtes für Naturschutz, der uns für Fragen bezüglich Taxonomie und Validität der einzelnen Unterarten von *B. constrictor* zur Verfügung stand, sowie Herr Regierungsdirektor Adams vom Bundesumweltministerium, den wir hinsichtlich der Rechtsfragen im Zusammenhang mit der Haltung von Abgottschlangen konsultieren durften. Dank gebührt auch unserer guten Freundin Frau Dr. Jeanette Hulak, die gewohnt akribisch das Manuskript durchgearbeitet hat, bevor es an den Verlag ging. Den Reptilientierärzten Dr. Katharina und Dr. Wolfgang Heuberger sind wir sehr verbunden für die detaillierten Auskünfte über die Krankheiten von Abgottschlangen und für die Durchsicht des entsprechenden Kapitels dieses Buches. Von Herrn Dr. Wolfgang Wüster, School of Biological Sciences der University of Wales, erhielten

künfte erteilt die Naturschutz-behörde.

Erlaubnis zum Halten gefährlicher Tiere

Bis Ende März 2008 brauchte man in Bayern eine Genehmigung des Ordnungsamtes, um eine Boa zu halten, weil Abgottschlangen im Freistaat als „gefährliche Tiere einer wild lebenden Art" eingestuft worden waren. Erfreulicherweise ist *Boa constrictor* mittlerweile jedoch wieder aus der Liste der gefähr-lichen Tiere gestrichen worden. In Berlin, Bremen, Mecklenburg-Vorpommern und Schleswig-Holstein ist die Rechtslage in Bezug auf Abgottschlangen nicht klar, oder es müssen Ausnahmege-nehmigungen beantragt werden, weil sie als „gefährliche Tiere" gelten. Erkundigen Sie sich beim zuständigen Amts-veterinär! In den anderen Bundesländern gibt es keine diesbe-züglichen Regelungen, oder *Boa constrictor* ist nicht von ihnen betroffen.

wir die Unterlagen, welche die Fehlinformation von der 5,5-m-*Boa constrictor* eindeutig wider-legen. Mike Dloogatch, Publica-tions Secretary von der Chicago Herpetological Society, hatte uns vorher an die richtige Stelle verwiesen. Unsere Freunde Vincent Russo (New York), Kevin und Charlotte Barnett (Florida), Dennis Sargent (Florida) und Jim Pomaville (Michigan) gaben uns einen detaillierten Einblick in die US-Züchterszene, beson-ders was Designerboas und *B. c. amarali* betrifft. Bedanken wollen wir uns auch noch bei unseren Lektoren, Kriton Kunz und Heiko Werning vom Natur und Tier - Verlag.

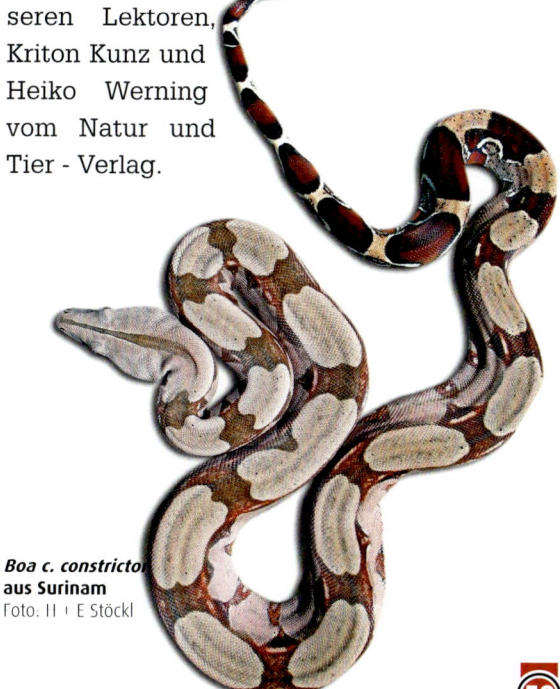

Boa c. constrictor aus Surinam
Foto: H + E Stöckl

Weitere Informationen

ZUR Vertiefung der in diesem Buch gegebenen Informationen und zum tieferen Einblick in terraristische und herpetologische Themenbereiche empfehlen sich die Mitgliedschaft in einem Verein gleich gesinnter Terrarianer sowie ein intensives Literaturstudium. Die folgenden Auflistungen sollen dabei behilflich sein, einen Einstieg in die Thematik zu finden, können aber natürlich nur einen kleinen Ausschnitt aufzeigen.

Artenschutzfragen

Bundesamt für Naturschutz;
Artenschutzvollzug;
Konstantinstr. 110; 53179 Bonn;
Tel.: 0228-8491-1311; E-Mail:
citesma@bfn.de; www.bfn.de

Zeitschriften

▪REPTILIA, TERRARIA
Terraristik-Fachmagazine
erscheinen je sechs Mal jährlich,
mit Internetportal für
Kleinanzeigen
Natur und Tier - Verlag GmbH
An der Kleimannbrücke 39/41
48157 Münster
Tel.: 0251-133390
E-Mail: verlag@ms-verlag.de
www.reptilia.de
www.terraria-online.de

▪DRACO
Terraristik-Themenheft
erscheint vier Mal jährlich
Natur und Tier - Verlag, s. o.

▪Sauria
Terraristik und Herpetologie
erscheint vier Mal jährlich
Terrariengemeinschaft Berlin
e.V.
Bruno Treu, Christstr. 10
14059 Berlin
E-Mail: abo@sauria.de
www.sauria.de

▪DATZ
Die Aquarien- und Terrarien-Zeitschrift
erscheint monatlich
Verlag Eugen Ulmer
Wollgrasweg 41
70599 Stuttgart
www.datz.de

Untersuchungsstellen

Kotproben, Sektionen und andere Untersuchungen können von spezialisierten Tierärzten oder von veterinärmedizinischen Untersuchungsstellen, die es in vielen Städten gibt, vorgenommen werden. Eine Liste mit Tierärzten, die sich mit Reptilien und Amphibien beschäftigen, kann über die DGHT bezogen oder auf www.dght.de eingesehen werden.

Die Firma „Herpetal" bietet auch fertige Kotproben-Sets an, die im Terraristik-Handel erhältlich sind und bei denen die Untersuchung im Kaufpreis enthalten ist. Überregional bekannt sind z. B. folgende Einrichtungen:

▪Vet Med Labor GmbH; Mörikestraße 28/3; 71636 Ludwigsburg Tel.: 01802-838633; E-Mail: info@vetmedlabor.de; www.vetmedlabor.de; (für privat nur über Ihren Tierarzt)

▪Exomed; Erich-Kurz-Str. 7; 10319 Berlin; Tel.: 030-5112008; E-Mail: labor@exomed.de; www.exomed.de

▪Universität München; Institut für Zoologie, Fischereibiologie und Fischkrankheiten der tierärztlichen Fakultät; Kaulbachstr. 37; 80539 München; Tel.: 089-2180-2687; E-Mail: office@zoofisch.vetmed.uni-muenchen.de; www.vetmed.lmu.de/zoofisch/

▪Chemisches und Veterinäruntersuchungsamt Ostwestfalen-Lippe Westerfeldstr. 1; 32758 Detmold; Tel.: 05231-9119; E-Mail: poststelle@svua-detmold.nrw.de; www.cvua-owl.nrw.de

Vereine und Interessengruppen

Die Deutsche Gesellschaft für Herpetologie und Terrarienkunde (DGHT; www.dght.de; DGHT e.V., Postfach 1421, 53351 Rheinbach, Tel.: 02225-703333, E-Mail: gs@dght.de) ist mit über 8.000 Mitgliedern die weltweit größte Gesellschaft ihrer Art und bringt Wissenschaftler und Hobbyherpetologen zusammen. Mitglieder erhalten verschiedene herpetologisch/terraristische DGHT-Zeitschriften und haben Zugriff auf ein Kleinanzeigen-Internet-Portal.

Innerhalb der DGHT existiert die AG Schlangen, die sich auch mit Abgottschlangen beschäftigt. Sie veranstaltet jährliche Fachtagungen. Kontakt über die DGHT-Geschäftsstelle.

Weiterführende und verwendete Literatur

ANDREWS, E.W. (1937): Notes on snakes from the Yucatan Peninsula. – Zool. Ser. Field Mus. Nat. Hist. 20(25): 355–359.

ARENDT, W.J. & D. ANTHONY (1986): Bat predation by the St. Lucia Boa (*Boa constrictor orophias*). – Carib. J. Sci. 22(3-4): 219–220.

BARBOUR, T. (1906): Vertebrata from the Savanna of Panama. – Bull. Mus. Comp. Zool. Harvard University 46(12): 224–229.

– & A. DO AMARAL (1924): Notes on some South American snakes. – Occ. Pap. Boston Soc. Nat. Hist. 5: 129–132.

– & A. LOVERIDGE (1929): Reptiles and amphibians. Vertebrates from the Corn Islands. – Bull. Mus. Comp. Zool. Harvard University 69: 138–146.

BARKER, D. & T. BARKER (1994): Boas in the spotlight. – The Vivarium 6(2): 38–41.

BAUCHOT, R. (Hrsg.) (1998): Schlangen. – Weltbild Verlag, Augsburg.

BINDER, S. & A. LAMP (2007): *Boa constrictor* - Die Abgottschlange. – Natur und Tier -Verlag, Münster

BOOS, H.E.A. (1992): A note on the 18.5 ft. *Boa constrictor* from Trinidad. – British Herp. Soc. Bull. 40: 15–17.

BOSCH, H. (1994): *Boa constrictor*. – Heselhaus und Schmidt Verlag, Münster.

BUNDESAMT FÜR NATURSCHUTZ (1996–2004): WA-Datenbank VIA des Bundesamtes für Naturschutz.

COBURN, J. (1991): The atlas of snakes of the world. – T.F.H. Publications, Inc., Neptune City, NJ.

COPE, E.D. (1877): Synopsis of the cold-blooded vertebrata procured by Prof. James Orton in Peru. – Proc. Amer. Phil. Soc. 17: 33–49.

DE VOSJOLI, P. (1990): The general care and maintenance of Red-tailed Boas. – Advanced Vivarium Systems, Inc., Santee, Ca.

–, R. KLINGENGERG & J. RONNE (1998): The Boa constrictor manual. – Advanced Vivarium Systems, Inc., Santee, Ca.

OLIVER, J.A. (1958): Snakes in fact and fiction. – The Macmillan Company, New York.

DREWNOWSKI, G. (1995): Red-Tailed Boas and other Boa constrictors. – T.F.H. Publications, Inc., Neptune City, NJ.

EVANS, H. (1947): Notes on Panamanian reptiles and amphibians. – Copeia 3: 166–170.

FLORES-VILLELA, O. (1993): Herpetofauna Mexicana. Annotated list of the species of amphibians and reptiles of Mexico, recent taxonomic changes, and new species. – Carnegie Mus. Nat. Hist., Special Publ. 17: 1–73.

FORCART, L. (1951): Nomenclature remarks on some generic names of the snake family Boidae. – Herpetologica 7: 197–199.

HENDERSON, R.W. & L.G. HOEVERS (1975): A checklist and key to the amphibians and reptiles of Belize, Central America. – Milwaukee Publ. Mus. Contrib. Biol. Geol. 5: 1–63.

HES, O., Z. DUDA, J. HNIZDO, N. PANTCHEV, J. BULANTOVÁ & V. VRABEC (2007): *Boa constrictor*. – Herpeton Verlag, Offenbach.

JOY, W.D. (1992): World record *Boa constrictor* "discovered". – Notes from NOAH 19(10): 21.

KÖHLER, G. (1996): Notes on a collection of reptiles from El Salvador collected between 1951 and 1956. – Senckenberg. Biol. 76(1/2): 29–38.

KORNACKER, P.M. (1999): Checklist and key to the snakes of Venezuela. – Pako-Verlag, Rheinbach.

KUNDERT, F. (1984): Das neue Schlangenbuch. – Albert Müller Verlag AG, Rüschlikon-Zürich.

LANGHAMMER, J.K. (1983): A new subspecies of Boa constrictor, Boa constrictor melanogaster, from Ecuador (Sepentes: Boidae). – Trop. Fish Hobby. 32(4): 70–79.

LAZELL, J.D. (1964): The Lesser Antillean representatives of Bothrops and Constrictor. – Bull. Mus. Comp. Zool. Harvard University 132(3): 245–273.

McDIARMID, R.W., J.A. CAMPBELL, J.A. & T.A. TOURE (1999): Snake Species of the World. A Taxonomic and Geographic Reference. Volume 1. – The Herpetologists' League, Washington.

MEHRTENS, J.M. (1987): Living snakes of the world in color. – Sterling Publishing Co., Inc., New York.

O'SHEA, M. (1989): Not quite the Orinoco Flow or "Where is Hog Island?". – Snake Keeper 3(8): 4–5.

PETERS, J.A. (1957): Taxonomic notes on Ecuadorian snakes in the American Museum of Natural History. – Am. Mus. Novit. 1851: 1–13.

PRICE, R.M. & P. RUSSO (1991): Revisionary comments on the genus Boa with the description of a new subspecies of Boa constrictor from Peru. – The Snake 23: 29–35.

REICHLING, S.B. (1991): The serpents of St. Lucia, Bothrops carribae and Boa constrictor orophias. – The Vivarium 3(3): 7–9.

RUSSO, V. (2004): Dwarf Boas. – Reptiles Magazine 12(4): 44–59.

– (2007): The Complete Boa Constrictor. – ECO Herpetological Publishing, Lansing, Michigan, USA.

STEJNEGER, L. (1899): Reptiles of the Tres Marias and Isabel Islands. – N. Amer. Fauna 14: 63–71.

STÖCKL, H. (2003): Handbuch Riesenschlangen. – bede, Ruhmannsfelden.

– & E. Stöckl (2005): Ihr Hobby Riesenschlangen. – bede, Ruhmannsfelden.

– & – (2006): Reinrassige Boa constrictor. – M&S Reptilien, Villingen-Schwenningen.

STULL, O.G. (1932): Five new subspecies of the family Boidae. – Occ. Pap. Boston Soc. Nat. Hist. 8: 25–30.

– (1935): A checklist of the family Boidae. – Proc. Boston Soc. Nat. Hist. 40(8): 387–408.

TRUTNAU, L. (1988): Schlangen 1. – Ulmer Verlag, Stuttgart.

VILLA, J. (1972): Snakes of the Corn Islands. Caribbean Nicaragua. – Brenesia 1: 14–18.

WENGLER, W. (1994): Riesenschlangen. – Heselhaus und Schmidt Verlag, Münster.

WILSON, L.D. & G. CRUZ (1993): The herpetofauna of the Cayos Cochinos, Honduras. – Herpetol. Nat. Hist. 1(1): 13–23.

– & D.E. HAHN (1973): The herpetofauna of the Islas de la Bahia, Honduras. – Bull. Florida State Mus. Biol. Sci. 17(2): 93–150.

ZWEIFEL, R.G. (1980): Results of the Puritan-American Museum of Natural History Expedition to western Mexico. Herpetology of the Tres Marias Islands. – Bull. Amer. Mus. Nat. Hist. 119: 77–128.

Internetseiten:

http://riobravoreptiles.com

www.cuttingedgeherp.com

www.boa-subspecies.com

REPTILIA & TERRARIA

– Ihre Fachmagazine für die Terraristik

Preise

Einzelheft
TERRARIA oder REPTILIA . . . . .6,50 €

Abonnements
6 x TERRARIA oder REPTILIA . . . . .36,90 € (Ausland 46,80 €)

Im Kombi-Abonnement
6 x TERRARIA, 6 x REPTILIA . . . . .69,00 € (Ausland 88,80 €)

Monat für Monat der komplette Lesestoff für Terrarianer

Natur und Tier - Verlag GmbH
An der Kleimannbrücke 39/41, 48157 Münster
Telefon: 0251-13339-0, Fax: 13339-33
E-Mail: verlag@ms-verlag.de, Home: www.ms-verlag.de